全国科学技术名词审定委员会

公　布

科学技术名词·自然科学卷（全藏版）

29

植　物　学　名　词

CHINESE TERMS IN BOTANY

植物学名词审定委员会

国家自然科学基金资助项目

科　学　出　版　社

北　京

内 容 简 介

本书是全国自然科学名词审定委员会审定公布的植物学基本名词。全书分总论、植物形态学、植物解剖学、植物胚胎学、藻类学、真菌学、地衣学、苔藓植物学、植物生理学、植物化学、植物生态学、植物地理学、古植物学、孢粉学等十四部分，共3304条。这些名词是科研、教学、生产、经营、新闻出版等部门使用的植物学规范名词。

图书在版编目（CIP）数据

科学技术名词. 自然科学卷：全藏版 / 全国科学技术名词审定委员会审定. —北京：科学出版社，2017.1

ISBN 978-7-03-051399-1

I. ①科⋯ II. ①全⋯ III. ①科学技术–名词术语 ②自然科学–名词术语 IV. ①N61

中国版本图书馆 CIP 数据核字 (2016) 第 314947 号

责任编辑：高素婷 / 责任校对：陈玉凤
责任印制：张 伟 / 封面设计：铭轩堂

科学出版社 出版
北京东黄城根北街 16 号
邮政编码：100717
http://www.sciencep.com
北京厚诚则铭印刷科技有限公司印刷
科学出版社发行 各地新华书店经销
＊
2017 年 1 月第 一 版 开本：787×1092 1/16
2017 年 1 月第一次印刷 印张：12 3/4
字数：283 000
定价：5980.00 元（全 30 册）

（如有印装质量问题，我社负责调换）

全国自然科学名词审定委员会
第二届委员会委员名单

主　任：钱三强

副主任：　章　综　　马俊如　　王冀生　　林振申　　胡兆森

　　　　　鲁绍曾　　刘　杲　　苏世生　　黄昭厚

委　员　(以下按姓氏笔画为序)：

马大猷	马少梅	王大珩	王子平	王平宇
王民生	王伏雄	王树岐	石元春	叶式辉
叶连俊	叶笃正	叶蜚声	田方增	朱弘复
朱照宣	任新民	庄孝德	李正理	李茂深
李　竞	杨　凯	杨泰俊	吴大任	吴中伦
吴凤鸣	吴本玠	吴传钧	吴阶平	吴　青
吴钟灵	吴鸿适	宋大祥	张光斗	张青莲
张　伟	张钦楠	张致一	阿不力孜·牙克夫	
陈鉴远	范维唐	林盛然	季文美	周明镇
周定国	郑作新	赵凯华	侯祥麟	姚贤良
钱伟长	钱临照	徐士珩	徐乾清	翁心植
席泽宗	谈家桢	梅镇彤	黄成就	黄胜年
康文德	章基嘉	梁晓天	程开甲	程光胜
程裕淇	傅承义	曾呈奎	蓝　天	豪斯巴雅尔
潘际銮	魏佑海			

植物学名词审定委员会委员名单

主　任：李正理

副主任：吴相钰

委　员（按姓氏笔画为序）：

王文采	王勋陵	尤瑞麟	邢公侠	朱为庆
齐雨藻	吴鹏程	何关福	余象煜	应百平
张玉龙	张丕方	陈介	陈昌笃	郑相如
郑儒永	洪涛	鲍显诚	蔡可	谭克辉
戴尧仁	魏江春			

秘　书：尤瑞麟（兼）　高素婷

序

科技名词术语是科学概念的语言符号。人类在推动科学技术向前发展的历史长河中,同时产生和发展了各种科技名词术语,作为思想和认识交流的工具,进而推动科学技术的发展。

我国是一个历史悠久的文明古国,在科技史上谱写过光辉篇章。中国科技名词术语,以汉语为主导,经过了几千年的演化和发展,在语言形式和结构上体现了我国语言文字的特点和规律,简明扼要,蓄意深切。我国古代的科学著作,如已被译为英、德、法、俄、日等文字的《本草纲目》、《天工开物》等,包含大量科技名词术语。从元、明以后,开始翻译西方科技著作,创译了大批科技名词术语,为传播科学知识,发展我国的科学技术起到了积极作用。

统一科技名词术语是一个国家发展科学技术所必须具备的基础条件之一。世界经济发达国家都十分关心和重视科技名词术语的统一。我国早在1909年就成立了科技名词编订馆,后又于1919年中国科学社成立了科学名词审定委员会,1928年大学院成立了译名统一委员会。1932年成立了国立编译馆,在当时教育部主持下先后拟订和审查了各学科的名词草案。

新中国成立后,国家决定在政务院文化教育委员会下,设立学术名词统一工作委员会,郭沫若任主任委员。委员会分设自然科学、社会科学、医药卫生、艺术科学和时事名词五大组,聘任了各专业著名科学家、专家,审定和出版了一批科学名词,为新中国成立后的科学技术的交流和发展起到了重要作用。后来,由于历史的原因,这一重要工作陷于停顿。

当今,世界科学技术迅速发展,新学科、新概念、新理论、新方法不断涌现,相应地出现了大批新的科技名词术语。统一科技名词术语,对科学知识的传播,新学科的开拓,新理论的建立,国内外科技交流,学科和行业之间的沟通,科技成果的推广、应用和生产技术的发展,科技图书文献的编纂、出版和检索,科技情报的传递等方面,都是不可缺少的。特别是计算机技术的推广使用,对统一科技名词术语提出了更紧迫的要求。

为适应这种新形势的需要,经国务院批准,1985年4月正式成立了全国自然科学名词审定委员会。委员会的任务是确定工作方针,拟定科技名词术语审定工作计划、实施方案和步骤,组织审定自然科学各学科名词术语,并予以公布。根据国务院授权,委员会审定公布的名词术语,科研、教学、生产、经营、以及新闻出版等各部门,均应遵照使用。

全国自然科学名词审定委员会由中国科学院、国家科学技术委员会、国家教育委员会、中国科学技术协会、国家技术监督局、国家新闻出版署、国家自然科学基金委员会分别委派了正、副主任,担任领导工作。在中国科协各专业学会密切配合下,逐步建立各专业审定分委员会,并已建立起一支由各学科著名专家、学者组成的近千人的审定队伍,负责审定本学科的名词术语。我国的名词审定工作进入了一个新的阶段。

这次名词术语审定工作是对科学概念进行汉语订名,同时附以相应的英文名称,既有我国语言特色,又方便国内外科技交流。通过实践,初步摸索了具有我国特色的科技名词术语审定的原则与方法,以及名词术语的学科分类、相关概念等问题,并开始探讨当代术语学的理论和方法,以期逐步建立起符合我国语言规律的自然科学名词术语体系。

统一我国的科技名词术语,是一项繁重的任务,它既是一项专业性很强的学术性工作,又是一项涉及亿万人使用的实际问题。审定工作中我们要认真处理好科学性、系统性和通俗性之间的关系;主科与副科间的关系;学科间交叉名词术语的协调一致;专家集中审定与广泛听取意见等问题。

汉语是世界五分之一人口使用的语言,也是联合国的工作语言之一。除我国外,世界上还有一些国家和地区使用汉语,或使用与汉语关系密切的语言。做好我国的科技名词术语统一工作,为今后对外科技交流创造了更好的条件,使我炎黄子孙,在世界科技进步中发挥更大的作用,作出重要的贡献。

统一我国科技名词术语需要较长的时间和过程,随着科学技术的不断发展,科技名词术语的审定工作,需要不断地发展、补充和完善。我们将本着实事求是的原则,严谨的科学态度作好审定工作,成熟一批公布一批,提供各界使用。我们特别希望得到科技界、教育界、经济界、文化界、新闻出版界等各方面同志的关心、支持和帮助,共同为早日实现我国科技名词术语的统一和规范化而努力。

全国自然科学名词审定委员会主任

钱 三 强

1990年2月

前　言

　　植物学是生命科学中建立较早的一门学科,有较长的发展历史,很多名词已长久习用。我国植物学界也较早地对植物学名词的订名和编译做了不少工作,这为后来审定和统一植物学名词创造了便利条件。

　　解放前,当时的教育部曾核定出版了第一本《植物学名词》,以部令公布。新中国成立初期,国家成立了学术名词统一工作委员会,审定了自然科学的各学科名词。《植物学名词》也于 1952 年审定出版。随后,科学出版社于 1958 年出版了《英汉植物学名词汇编》及 1965 年出版了《英汉植物学名词汇编补编(一)》。两书于 1978 年合订出版为《英汉植物学词汇》,为我国植物学名词的审定,奠定了基础。

　　1985 年底在全国自然科学名词审定委员会(以下简称全国委员会)的指导下,并与中国植物学会共同组织成立了植物学名词审定委员会,聘请植物学界各分支学科专家进行审定工作。自 1986 年至 1990 年的几年里,先后召开了五次审定工作会议,并与相关的学科进行了协调和统一工作。在 1987 年 4 月第一次初审会后,经整理修改后的二审稿印发全国各有关单位和专家广泛征求意见。各分支学科组在对反馈的意见进行认真研究讨论的基础上,提出了第三稿。经委员们多次讨论,反复磋商,于 1990 年 7 月完成第一批植物学名词审定稿。此后,娄成后、王伏雄、王凯基、王天铎、胡人亮五位教授受全国委员会的委托,对本批名词进行了复审,并提出了修改意见。植物学名词审定委员会对他们的意见进行了认真讨论,再次作了修改。现经全国委员会批准,予以公布。

　　本批公布的植物学名词是植物学的基本名词。由于植物学的学科范围较广,分支学科较多,与其他学科交叉的也多,因此在决定选词范围上存在不少困难。为了使用方便和考虑到近年发展趋向,此批名词将分为十四部分,共 3304 条。每条词都给出了国外文献中最常用的相应的英文词。为便于检索,汉文词按学科分类和相关概念排列,而非严格的科学分类研究。同一词条可能与多个分支学科相关,但作为公布的规范词编排时只出现一次,不重复列出。

　　在审定过程中,根据订名"科学性"和"约定俗成"的原则,对一些名词作了更动,原习惯用名作为异名列出,如"应力木"曾用名"反应木","角质膜"曾用名"角质层","应压木"又称"压缩木","应拉木"又称"伸张木"等。对某些科学概念和含义易产生异义的名词,审定时加了简明注释予以说明,如"运输"和"转运","疏密度"和"郁闭度","珠鳞"和"种鳞","芽孢"和"胞芽","植物区系"和"植物志"等。对目前争议较大的词,如"shoot",虽经反复讨论,因暂时还未确定贴切的定名的词,暂不公布。

　　在整个审定过程中,植物学界及有关学科的专家、学者不断给予热情的支持,并提出了许多宝贵的意见和建议,在此深表谢意。

本批植物学名词虽经反复审核,可能仍有一些不妥或遗漏,尚望各界在使用过程中继续提出宝贵意见,以便今后修订增补。

植物学名词审定委员会

1991 年 5 月

编 排 说 明

一、本书公布的是植物学基本名词。

二、本书正文按主要分支学科分为总论、植物形态学、植物解剖学、植物胚胎学、藻类学、真菌学、地衣学、苔藓植物学、植物生理学、植物化学、植物生态学、植物地理学、古植物学、孢粉学等十四大类。

三、正文中汉文词按相关概念排列,并附有与该词概念相对应的英文词。

四、一个汉文词对应几个英文词时,一般将最常用的放在前面,并用","分开。

五、英文词的首字母大、小写均可时,一律小写。英文词除必须用复数者,一般用单数。

六、对概念易混淆的及作过较大更改的词给出简明的定义性注释。

七、汉文词的重要异名列在注释栏内,其中"又称"为不推荐用名;"曾用名"为不再使用的旧名。

八、名词中[ ]内的字使用时可以省略。

九、书末所附的英汉索引,按英文字母顺序排列;汉英索引按汉语拼音顺序排列。所示号码为该词在正文中的序码。索引中带"＊"者为注释栏内的异名。

目 录

01. 总 论

序 码	汉文名	英 文 名	注 释
01.001	植物学	botany, plant science	
01.002	植物生物学	plant biology	
01.003	植物个体生物学	plant autobiology	
01.004	发育植物学	developmental botany	
01.005	植物形态学	plant morphology	
01.006	植物解剖学	plant anatomy, phytotomy	
01.007	植物细胞学	plant cytology	
01.008	植物细胞生物学	plant cell biology	
01.009	植物细胞遗传学	plant cytogenetics	
01.010	植物细胞形态学	plant cell morphology	
01.011	植物细胞生理学	plant cell physiology	
01.012	植物细胞社会学	plant cell sociology	
01.013	植物细胞动力学	plant cytodynamics	
01.014	植物染色体学	plant chromosomology	
01.015	植物胚胎学	plant embryology	
01.016	系统植物学	systematic botany, plant systematics	
01.017	植物小分子系统学	plant micromolecular systematics	
01.018	演化植物学	evolutionary botany	
01.019	植物分类学	plant taxonomy	
01.020	植物实验分类学	plant experimental taxonomy	
01.021	植物化学分类学	plant chemotaxonomy	
01.022	植物化学系统学	plant chemosystematics	
01.023	植物血清分类学	plant serotaxonomy	
01.024	植物细胞分类学	plant cellular taxonomy	
01.025	植物数值分类学	plant numerical taxonomy	
01.026	植物分子分类学	plant molecular taxonomy	
01.027	植物病毒学	plant virology	
01.028	藻类学	phycology	
01.029	真菌学	mycology	
01.030	地衣学	lichenology	
01.031	苔藓植物学	bryology	
01.032	蕨类植物学	pteridology	

序码	汉文名	英文名	注释
01.033	孢粉学	palynology	
01.034	古植物学	paleobotany	
01.035	植物生理学	plant physiology	
01.036	植物化学	phytochemistry	
01.037	植物生态学	plant ecology, phytoecology	
01.038	植物地理学	plant geography, phytogeography	
01.039	植物气候学	plant climatology	
01.040	植物病理学	plant pathology, phytopathology	
01.041	植物病原学	plant aetiology	
01.042	植物毒理学	plant toxicology	
01.043	植物历史学	plant history	
01.044	民族植物学	ethnobotany	
01.045	人文植物学	humanistic botany	
01.046	植物遗传学	plant genetics	
01.047	植物发育遗传学	plant phenogenetics	
01.048	分子植物学	molecular botany	
01.049	分类单位	taxon	又称"分类群"。
01.050	界	kingdom	
01.051	超界	superkingdom	
01.052	亚界	subkingdom	
01.053	门	division, phylum	
01.054	亚门	subdivision, subphylum	
01.055	纲	class	
01.056	亚纲	subclass	
01.057	目	order	
01.058	亚目	suborder	
01.059	科	family	
01.060	亚科	subfamily	
01.061	族	tribe	
01.062	亚族	subtribe	
01.063	属	genus	
01.064	亚属	subgenus	
01.065	组	section	
01.066	亚组	subsection	
01.067	系	series	
01.068	亚系	subseries	
01.069	种	species	

序 码	汉 文 名	英 文 名	注 释
01.070	亚种	subspecies	
01.071	变种	variety	
01.072	变型	form	
01.073	栽培种	cultivar	
01.074	品系	strain	
01.075	克隆	clone	又称"无性繁殖系"。
01.076	区	region	
01.077	亚区	subregion	
01.078	个体发育	ontogenesis, ontogeny	又称"个体发生"。
01.079	系统发育	phylogenesis, phylogeny	又称"种系发生"。
01.080	历史发育	historical development	
01.081	生源说	biogenesis	
01.082	自然发生说	abiogenesis	又称"无生源说"。
01.083	直生论	orthogenesis	
01.084	泛生论	pangenesis	
01.085	特创论	creationism, theory of special creation	
01.086	进化论	evolutionism, evolutionary theory	又称"演化论"。
01.087	物种起源	origin of species	
01.088	物种起源说	theory of origin species	
01.089	物种形成	speciation	
01.090	起源中心	origin center	
01.091	分布中心	distribution center	
01.092	散布中心	dispersal center	
01.093	发育中心	developmental center	
01.094	演化中心	evolution center	
01.095	变异中心	variation center	
01.096	多样中心	diversity center	
01.097	多度中心	abundance center	
01.098	频度中心	frequency center	
01.099	植物区系发生	florogenesis	
01.100	陆生植物	terrestrial plant	
01.101	气生植物	aerophyte, aerial plant	
01.102	水生植物	hydrophyte, aquatic plant	
01.103	旱生植物	xerophyte	
01.104	中生植物	mesophyte	
01.105	湿生植物	hygrophyte	

序 码	汉 文 名	英 文 名	注 释
01.106	沼生植物	helophyte	
01.107	两栖植物	amphiphyte	
01.108	附生植物	epiphyte	
01.109	附载植物	phorophyte	
01.110	寄生植物	parasitic plant	
01.111	腐生植物	saprophyte, saprophytic plant	
01.112	攀缘植物	climber, climbing plant	
01.113	缠绕植物	twiner	
01.114	藤本植物	vine, liana	
01.115	无茎植物	stemless plant	
01.116	隐花植物	cryptogamia	
01.117	显花植物	phanerogams	
01.118	低等植物	lower plant	
01.119	高等植物	higher plant	
01.120	维管植物	vascular plant, tracheophyte	
01.121	有花植物	flowering plant	
01.122	颈卵器植物	archegoniatae	
01.123	有胚植物	embryophyte	
01.124	风媒植物	anemophilous plant	
01.125	虫媒植物	entomophilous plant	
01.126	水媒植物	hydrophilous plant	又称"喜水植物"。
01.127	常绿植物	evergreen plant	
01.128	肉质植物	succulent	
01.129	阴生植物	shade plant	
01.130	阳生植物	sun plant	
01.131	石生植物	lithophyte	
01.132	沙生植物	psammophyte	
01.133	荒漠植物	eremophyte	
01.134	盐生植物	halophyte	
01.135	适蚁植物	myrmecophyte	又称"喜蚁植物"。
01.136	食虫植物	insectivorous plant	
01.137	短命植物	ephemeral plant	
01.138	自养植物	autotrophic plant, autophyte	
01.139	异养植物	heterotrophic plant, heterophyte	
01.140	共生植物	symbiotic plant	
01.141	冬性植物	winter plant	
01.142	小植物	plantlet	又称"小植株"。

序 码	汉 文 名	英 文 名	注 释
01.143	乔木	tree, arbor	
01.144	灌木	shrub, frutex（拉）	
01.145	半灌木	subshrub, suffrutex（拉）	又称"亚灌木"。
01.146	草本	herb	
01.147	一年生植物	annual plant	
01.148	二年生植物	biennial plant	
01.149	多年生植物	perennial plant	
01.150	体轴	axis	
01.151	茎基	caudex	
01.152	原植体	thallus	又称"叶状体"。
01.153	根	root	
01.154	茎	stem	
01.155	芽	bud	
01.156	叶	leaf, frond	frond 指蕨类、苏铁类和棕榈类等植物的叶子。
01.157	花	flower	
01.158	果实	fruit	
01.159	种子	seed	
01.160	胚	embryo	
01.161	幼苗	seedling	
01.162	外植体	explant	
01.163	器官	organ	
01.164	同源器官	homologous organ	
01.165	同功器官	analogous organ	
01.166	营养器官	vegetative organ	
01.167	生殖器官	reproductive organ	
01.168	侧生器官	lateral organ	
01.169	器官发生	organogenesis, organogeny	
01.170	组织	tissue	
01.171	细胞	cell	
01.172	胞质环流	cyclosis, cytoplasmic streaming	
01.173	种质	germplasm, idioplasm	
01.174	形态发生	morphogenesis	
01.175	异常结构	anomalous structure	
01.176	外生源	exogenous origin	
01.177	内生源	endogenous origin	

序码	汉文名	英文名	注释
01.178	生长	growth	
01.179	发育	development	
01.180	休眠	dormancy	
01.181	萌发	germination	
01.182	开花	flowering, anthesis	
01.183	自养	autotrophy	
01.184	异养	heterotrophy	
01.185	分化	differentiation	
01.186	脱分化	dedifferentiation	又称"去分化"。
01.187	再分化	redifferentiation	
01.188	再生	regeneration	
01.189	能育[性]	fertility	
01 190	败育	abortion	
01.191	衰老	senescence	
01.192	共生	symbiosis	
01.193	共生成分	symbiont	又称"共生成员"。
01.194	全能性	totipotency	
01.195	极性	polarity	
01.196	相关[性]	correlation	
01.197	对称[性]	symmetry	
01.198	限制因子	limiting factor	
01.199	生存力	viability	
01.200	生活力	vitality, vital force	
01.201	活力	vigor	
01.202	活力论	vitalism	
01.203	滞后[现象]	hysteresis	
01.204	滞后期	lag phase	
01.205	冬性	winterness	
01.206	横切面	cross section, transverse section	
01.207	纵切面	longitudinal section	
01.208	径切面	radial section	
01.209	弦切面	tangential section	又称"切向切面"。
01.210	垂周分裂	anticlinal division	
01.211	平周分裂	periclinal division	
01.212	均等分裂	equal division	
01.213	不等分裂	unequal division	
01.214	双名法	binomial nomenclature	又称"二名法"。

序 码	汉 文 名	英 文 名	注 释
01.215	植物园	botanical garden	
01.216	凭证标本	voucher specimen	

02. 植 物 形 态 学

序 码	汉 文 名	英 文 名	注 释
02.001	植物形态解剖学	plant morpho-anatomy	
02.002	植物器官学	plant organography	
02.003	植物畸形学	plant teratology	
02.004	维管植物形态学	morphology of vascular plant	
02.005	植物实验形态学	plant experimental morphology	
02.006	植物生态形态学	plant ecology morphology	
02.007	根系	root system	
02.008	主根	axial root	
02.009	主根系	axial root system	
02.010	直根	taproot	
02.011	直根系	taproot system	
02.012	须根	fibrous root	又称"纤维根"。
02.013	须根系	fibrous root system	
02.014	侧根	lateral root	
02.015	根出条	root sucker	
02.016	根蘖	root sprout	
02.017	种子根	seminal root	
02.018	不定根	adventitious root	
02.019	固着根	anchoring root	
02.020	支柱根	prop root	
02.021	陆生根	terrestrial root	
02.022	气生根	aerial root	
02.023	水生根	water root, aquatic root	
02.024	攀缘根	climbing root	
02.025	寄生根	parasitic root	
02.026	腐生根	saprophytic root	
02.027	附生根	epiphytic root	又称"附着根"。
02.028	呼吸根	respiratory root	
02.029	通气根	aerating root	
02.030	收缩根	contractile root	

序 码	汉文名	英 文 名	注 释
02.031	贮藏根	storage root	
02.032	肉质根	fleshy root	
02.033	板根	buttress	
02.034	块根	root tuber	
02.035	假根	rhizoid	
02.036	根托	rhizophore	
02.037	根颈	root crown, corona	
02.038	吸根	sucker	
02.039	吸器	haustorium	
02.040	直立茎	erect stem	
02.041	地下茎	subterraneous stem	
02.042	攀缘茎	climbing stem	
02.043	缠绕茎	twining stem	
02.044	匍匐茎	stolon, creeping stem	
02.045	根[状]茎	rhizome	
02.046	块茎	tuber	
02.047	小块茎	tubercle	
02.048	鳞茎	bulb	
02.049	假鳞茎	pseudobulb	
02.050	小鳞茎	bulblet	
02.051	球茎	corm	
02.052	小球茎	cormlet	
02.053	[树]干	trunk	
02.054	顶枝学说	telome theory	
02.055	顶枝植物	telomophyte	
02.056	顶枝	telome	
02.057	复合顶枝	syntelome	
02.058	顶枝系统	telome system	
02.059	中干	mesome	
02.060	顶枝束	telome trusse	
02.061	复顶枝	polytelome	
02.062	原始顶枝	archetelome	
02.063	越顶	overtopping	又称"耸出"。
02.064	扁化	fasciation, planation	
02.065	蹼化	webbing	
02.066	节	node	
02.067	节间	internode	

序 码	汉 文 名	英 文 名	注 释
02.068	突起	enation	
02.069	分枝系统	branching system	
02.070	分枝式	ramification	
02.071	单轴分枝	monopodial branching	
02.072	合轴分枝	sympodial branching	
02.073	二歧分枝式	dichotomy, dichotomous branching	
02.074	等二歧分枝式	equal dichotomy	
02.075	假二歧分枝式	false dichotomy	
02.076	枝[条]	branch	
02.077	长枝	long shoot	
02.078	短枝	dwarf shoot	
02.079	小枝	branchlet, ramellus	
02.080	侧枝	lateral branch	
02.081	副枝	ramulus	
02.082	匍匐枝	creeper	
02.083	分蘖	tiller, tillow	
02.084	纤匍枝	runner	
02.085	不定枝	adventitious shoot	
02.086	扁化枝	platyclade	
02.087	叶状枝	cladode, phylloclade	
02.088	[空心]秆	culm	
02.089	[棘]刺	thorn	
02.090	[枝]距	spur	
02.091	卷须	tendril	
02.092	顶芽	terminal bud	
02.093	腋芽	axillary bud	
02.094	单芽	single bud	
02.095	叠生芽	storied bud	又称"并立芽"。
02.096	簇生芽	fascicular bud, fascicled bud	
02.097	叶柄下芽	infrapetiolar bud, subpetiolar bud	
02.098	侧芽	lateral bud	
02.099	副芽	accessory bud	
02.100	叶芽	leaf bud	
02.101	花芽	flower bud	
02.102	混合芽	mixed bud	

序 码	汉 文 名	英 文 名	注 释
02.103	活动芽	active bud	
02.104	休眠芽	dormant bud	
02.105	潜伏芽	latent bud	
02.106	鳞芽	scaly bud	
02.107	裸芽	naked bud	
02.108	珠芽	bulbil	
02.109	假珠芽	pseudobulbil	
02.110	不定芽	adventitious bud	
02.111	芽鳞	bud scale	
02.112	芽眼	bud eye	
02.113	叶性器官	phyllome	
02.114	大型叶	macrophyll	
02.115	小型叶	microphyll	
02.116	大孢子叶	megasporophyll	
02.117	小孢子叶	microsporophyll	
02.118	生殖叶	gonophyll	
02.119	营养叶	foliage leaf, tro[pho]phyll	
02.120	不育叶	sterile frond, sterile leaf	
02.121	能育叶	fertile frond, fertile leaf	
02.122	羽片	pinna	
02.123	小羽片	pinnule	
02.124	能育羽片	fertile pinna	
02.125	能育小羽片	fertile pinnule	
02.126	营养羽片	foliage pinna	
02.127	不育羽片	sterile pinna	
02.128	•不育小羽片	sterile pinnule	
02.129	间小羽片	intercalated pinnule	
02.130	小细长裂片	lacinule	
02.131	叶序	phyllotaxy	
02.132	互生叶序	alternate phyllotaxy	
02.133	对生叶序	opposite phyllotaxy	
02.134	轮生叶序	verticillate phyllotaxy	
02.135	簇生叶序	fascicled phyllotaxy	
02.136	覆瓦状叶序	imbricate phyllotaxy	
02.137	螺旋状叶序	spiral phyllotaxy	
02.138	莲座状叶序	rosulate phyllotaxy, rosette phyl- lotaxy	

序 码	汉 文 名	英 文 名	注 释
02.139	幼叶卷叠式	vernation, foliation	
02.140	直列线	orthostichy	
02.141	斜列线	parastichy	
02.142	落叶	deciduous leaf	
02.143	常绿叶	evergreen leaf	
02.144	单叶	simple leaf	
02.145	复叶	compound leaf	
02.146	单身复叶	unifoliate compound leaf	
02.147	羽状复叶	pinnately compound leaf	
02.148	掌状复叶	palmately compound leaf	
02.149	三出复叶	ternately compound leaf	
02.150	先出叶	prophyll	
02.151	初生叶	primary leaf	
02.152	低出叶	cataphyll	又称"芽苞叶"。
02.153	茎生叶	stem leaf	
02.154	根出叶	root leaf	
02.155	互生叶	alternate leaf	
02.156	对生叶	opposite leaf	
02.157	轮生叶	verticillate leaf, whorled leaf	
02.158	莲座叶	rosette leaf	
02.159	簇生叶	fascicled leaf	
02.160	完全叶	complete leaf	
02.161	不完全叶	incomplete leaf	
02.162	等面叶	isobilateral leaf	
02.163	异面叶	bifacial leaf, dorsi-ventral leaf	又称"背腹叶"。
02.164	异形叶性	heterophylly	
02.165	阳生叶	sun leaf	
02.166	阴生叶	shade leaf	
02.167	基生叶	basal leaf	
02.168	贯穿叶	perfoliate leaf	
02.169	盾状叶	peltate leaf	
02.170	抱茎叶	amplexicaul leaf	
02.171	针叶	needle	
02.172	捕虫叶	insect-catching leaf	
02.173	捕虫囊	ampulla	
02.174	无柄叶	sessile leaf	
02.175	小叶	leaflet	

序 码	汉 文 名	英 文 名	注 释
02.176	叶卷须	leaf tendril	
02.177	鳞叶	scale leaf	
02.178	苞叶	bracteal leaf, subtending leaf	
02.179	腹叶	amphigastrium	
02.180	芒	awn, arista	
02.181	刺	spine	
02.182	叶刺	leaf thorn	
02.183	皮刺	aculeus	
02.184	鳞片	scale	
02.185	泡状鳞片	bulliform scale, vesicular scale	
02.186	小鳞片	ramentum, squamule	
02.187	腺鳞	glandular scale	
02.188	疣	verruca	
02.189	水囊	water sac	
02.190	关节	article, articulation	
02.191	叶痕	leaf scar	
02.192	叶座	leaf cushion, sterigma	
02.193	叶轴	rachis	
02.194	叶腋	leaf axil	
02.195	叶鞘	leaf sheath	
02.196	叶耳	auricle	
02.197	叶胄	leaf armor	
02.198	叶枕	pad, pedestal	
02.199	托叶	stipule, peraphyllum	
02.200	小托叶	stipel	
02.201	托叶鞘	stipular sheath, oc[h]rea	
02.202	叶柄	petiole	
02.203	小叶柄	petiolule	
02.204	总[叶]柄	common petiole	
02.205	叶状柄	phyllode	
02.206	叶片	blade, lamina	
02.207	叶端	leaf apex	又称"叶尖"。
02.208	叶基	leaf base	
02.209	叶缘	leaf margin	
02.210	裂片	lobe	
02.211	细裂片	segment	又称"碎片"。
02.212	叶脉	vein, nerve	

序　码	汉　文　名	英　文　名	注　释
02.213	中脉	midrib	又称"中肋"。
02.214	侧脉	lateral vein	
02.215	边脉	marginal vein	
02.216	小脉	veinlet	又称"细脉"。
02.217	内函小脉	included veinlet	
02.218	假脉	false nerve	
02.219	脉脊	vein rib	
02.220	脉端	vein end	又称"脉梢"。
02.221	脉间区	vein islet, intercostal area	
02.222	小脉眼	vein eyelet	
02.223	网眼	insula, areole	又称"网隙"。
02.224	网结[现象]	anastomosis	又称"联结[现象]"。
02.225	脉序	venation, nervation	
02.226	开放脉序	open venation	
02.227	闭锁脉序	closed venation	
02.228	网状脉序	netted venation	
02.229	二叉脉序	dichotomous venation	
02.230	弧形脉序	arcuate venation	
02.231	网状脉	net vein, reticular vein	
02.232	平行脉	parallel vein	
02.233	羽状脉	pinnate vein	
02.234	掌状脉	palmate vein	
02.235	三出脉	ternate vein	
02.236	辐射脉	radiate vein	
02.237	毛被	indumentum	
02.238	刚毛	seta, bristle	
02.239	缘毛	tricholoma	
02.240	纤毛	cilium	
02.241	绒毛	floss	
02.242	丛卷毛	floccus	
02.243	钩毛	glochidium	
02.244	星状毛	stellate hair	
02.245	分叉毛	furcate hair	
02.246	节分枝毛	ganglioneous hair	
02.247	单生花	solitary flower	
02.248	花序	inflorescence	
02.249	顶生花序	terminal inflorescence	

序 码	汉 文 名	英 文 名	注 释
02.250	腋生花序	axillary inflorescence	
02.251	腋外生花序	extra-axillary inflorescence	
02.252	茎生花序	cauline inflorescence	
02.253	根生花序	radical inflorescence	
02.254	[简]单花序	simple inflorescence	
02.255	复[合]花序	compound inflorescence	
02.256	混合花序	mixed inflorescence	
02.257	无限花序	indefinite inflorescence	
02.258	有限花序	definite inflorescence	
02.259	穗状花序	spike	
02.260	总状花序	raceme	
02.261	柔荑花序	ament, catkin	
02.262	肉穗花序	spadix	又称"佛焰花序"。
02.263	头状花序	capitulum, head	
02.264	伞形花序	umbel	
02.265	伞房花序	corymb	
02.266	隐头花序	hypanth[od]ium	
02.267	圆锥花序	panicle	
02.268	密伞花序	fascicle	又称"簇生花序"。
02.269	聚伞花序	cyme	
02.270	单歧聚伞花序	monochasium	
02.271	二歧聚伞花序	dichasium	
02.272	三歧聚伞花序	trichasium	
02.273	多歧聚伞花序	pleiochasium	
02.274	小聚伞花序	cymule, cymelet	
02.275	轮状聚伞花序	verticillaster	
02.276	杯状聚伞花序	cyathium	
02.277	聚伞圆锥花序	thyrse	
02.278	密伞圆锥花序	panicled thyrsoid cyme	
02.279	螺状聚伞花序	bostrix	
02.280	镰状聚伞花序	drepanium	
02.281	蝎尾状聚伞花序	cincinnus, scorpioid cyme	
02.282	扇状聚伞花序	fan, rhipidium	
02.283	小伞形花序	umbellule	
02.284	团伞花序	glomerule	
02.285	散穗花序	panicled spike	
02.286	花序梗	peduncle	

序码	汉文名	英文名	注释
02.287	花序轴	rachis	
02.288	小穗	spikelet	
02.289	小穗轴	rachilla	
02.290	花序托	receptacle of inflorescence	
02.291	伞幅	ray	又称"伞形花序枝"。
02.292	总苞	involucre	
02.293	小总苞	involucel, involucret	
02.294	苞片	bract	
02.295	小苞片	bractlet, bracteole	
02.296	佛焰苞	spathe	
02.297	膜片	chaff	
02.298	颖片	glume	
02.299	外颖	outer glume	
02.300	内颖	inner glume	
02.301	外稃	lemma	
02.302	内稃	palea	
02.303	浆片	lodicule	
02.304	大孢子叶球	ovulate strobilus, female cone	又称"雌球花"。
02.305	小孢子叶球	staminate strobilus, male cone	又称"雄球花"。
02.306	花葶	scape	
02.307	花梗	pedicel	
02.308	两性花	bisexual flower, hermaphrodite flower	
02.309	单性花	unisexual flower	
02.310	无性花	asexual flower, neutral flower	又称"中性花"。
02.311	完全花	complete flower	
02.312	不完全花	incomplete flower	
02.313	具备花	perfect flower	
02.314	不具备花	imperfect flower	
02.315	整齐花	regular flower	
02.316	不整齐花	irregular flower	
02.317	反常整齐花	peloria	
02.318	无被花	naked flower	
02.319	单瓣花	simple flower	
02.320	重瓣花	double flower	
02.321	离瓣花	choripetalous flower	
02.322	合瓣花	synpetalous flower	

序 码	汉文名	英 文 名	注 释
02.323	轮生花	cyclic flower, verticillate flower	
02.324	半轮生花	hemicyclic flower	
02.325	下位花	hypogynous flower	
02.326	周位花	perigynous flower	
02.327	上位花	epigynous flower	
02.328	风媒花	anemophilous flower	
02.329	虫媒花	entomophilous flower	
02.330	鸟媒花	ornithophilous flower	
02.331	雌花	pistillate flower	
02.332	雄花	staminate flower	
02.333	雌雄同株	monoecism	
02.334	雌雄异株	dioecism	
02.335	小花	floret	
02.336	心花	disc flower	
02.337	边花	ray flower	
02.338	花蕾	alabastrum	
02.339	雌雄花同熟	synchronogamy	
02.340	雌雄[蕊]同熟	homogamy, monochogamy	
02.341	雌雄[蕊]异熟	dichogamy	
02.342	雌蕊先熟	protogyny	
02.343	杂性	polygamy	在同一植株上，或在同种不同的植株上，具有单性花和两性花的状态。
02.344	花蕊同长	homogony	
02.345	花蕊异长	heterogony	
02.346	花程式	flower formula	
02.347	花图式	flower diagram	
02.348	两侧对称	zygomorphy, bilateral symmetry	又称"左右对称"。
02.349	上下[两侧]对称	transverse zygomorphy	
02.350	斜向[两侧]对称	oblique zygomorphy	
02.351	辐射对称	actinomorphy	
02.352	花轴	floral axis	
02.353	花托	receptacle	在被子植物中，花梗膨大的末端，花部着生的地方。
02.354	托杯	hypanthium	由花托延伸，或由

序 码	汉文名	英文名	注 释
			花托延伸部分和花被及雄蕊基部愈合而成的盘状、碗状、杯状或筒状的构造。由于这种构造，使花成为周位或上位。
02.355	花盘	[floral] disc	
02.356	花被	perianth	
02.357	花被筒	perianth tube	
02.358	花叶	floral leaf	
02.359	被片	tepal	
02.360	花被卷叠式	aestivation, praefloration	
02.361	镊合状	valvate	
02.362	旋转状	contorted	
02.363	覆瓦状	imbricate	
02.364	双盖覆瓦状	quincuncial	
02.365	分离	chorisis	花萼或花冠各个分开的状态。
02.366	花萼	calyx	
02.367	离[片]萼	chorisepal	
02.368	合[片]萼	synsepal, gamosepal	
02.369	萼筒	calyx tube	
02.370	萼裂片	calyx lobe	
02.371	萼片	sepal	
02.372	副萼	epicalyx, accessory calyx	
02.373	花冠	corolla	
02.374	筒状花冠	tubular corolla	又称"管状花冠"。
02.375	漏斗状花冠	funnel-shaped corolla	
02.376	钟状花冠	campanulate corolla	
02.377	托盘状花冠	hypocrateriform corolla	又称"低托杯状花冠"。
02.378	坛状花冠	urceolate corolla	
02.379	轮状花冠	rotate corolla	
02.380	十字形花冠	cruciferous corolla	
02.381	蝶形花冠	papilionaceous corolla	
02.382	唇形花冠	labiate corolla	
02.383	舌状花冠	ligulate corolla	

序 码	汉文名	英 文 名	注 释
02.384	假面状花冠	personate corolla	
02.385	副花冠	corona	
02.386	花冠柄	anthophore	
02.387	花冠喉	corolla throat	
02.388	喉凸	palate	
02.389	花冠筒	corolla tube	
02.390	花冠裂片	corolla lobe	
02.391	花瓣	petal	
02.392	离瓣	choripetal	
02.393	合瓣	synpetal, gamopetal	
02.394	旗瓣	standard, vexil	
02.395	翼瓣	wing	
02.396	龙骨瓣	keel	
02.397	唇瓣	label[lum]	
02.398	盔瓣	galea, cucullus	
02.399	兜状瓣	hood	
02.400	鸡冠状突起	crista	
02.401	冠檐	limb	
02.402	瓣爪	claw	
02.403	瓣距	spur, calcar	
02.404	冠毛	pappus	
02.405	雄蕊	stamen	
02.406	雄蕊群	androecium	
02.407	雄蕊柄	androphore	
02.408	离生雄蕊	adelphia, distinct stamen	
02.409	单体雄蕊	monadelphous stamen	
02.410	二体雄蕊	diadelphous stamen	
02.411	三体雄蕊	triadelphous stamen	
02.412	五体雄蕊	pentadelphous stamen	
02.413	多体雄蕊	polyadelphous stamen	
02.414	聚药雄蕊	syngenesious stamen, synantherous stamen	
02.415	具单轮雄蕊	haplostemonous stamen	
02.416	外轮对萼雄蕊	diplostemonous stamen	
02.417	外轮对瓣雄蕊	obdiplostemonous stamen	
02.418	二强雄蕊	didynamous stamen	
02.419	四强雄蕊	tetradynamous stamen	

序 码	汉 文 名	英 文 名	注 释
02.420	突出雄蕊	exserted stamen	
02.421	下位着生雄蕊	hypogynous stamen	
02.422	周位着生雄蕊	perigynous stamen	
02.423	上位着生雄蕊	epigynous stamen	
02.424	着生花冠雄蕊	epipetalous stamen	
02.425	退化雄蕊	staminode	
02.426	雄蕊束	phalanx	
02.427	花丝	filament	
02.428	花药	anther	
02.429	全着药	adnate anther	又称"贴着药"。
02.430	基着药	basifixed anther, innate anther	又称"底着药"。
02.431	背着药	dorsifixed anther	
02.432	顶着药	apicifixed anther	
02.433	丁字药	versatile anther	
02.434	个字药	divergent anther	
02.435	广歧药	divaricate anther	
02.436	内向药	introrse anther	
02.437	外向药	extrorse anther	
02.438	聚药	synandrium	
02.439	药室	anther cell	
02.440	药隔	connective	
02.441	纵裂	longitudinal dehiscence	
02.442	瓣裂	valvular dehiscence	
02.443	孔裂	poricidal dehiscence	
02.444	合蕊冠	gynostegium	
02.445	花粉囊	pollen sac	
02.446	载粉器	translater	
02.447	花粉块柄	caudicle	
02.448	着粉腺	retinaculum, viscid disc	又称"粘盘","着粉盘"。
02.449	雌雄蕊柄	androgynophore, gonophore	
02.450	雌蕊	pistil	
02.451	雌蕊群	gynoecium	
02.452	单雌蕊	simple pistil	
02.453	复雌蕊	compound pistil	
02.454	退化雌蕊	pistillode	
02.455	心皮	carpel	

序 码	汉文名	英 文 名	注 释
02.456	心皮鳞片	carpellary scale	
02.457	离心皮雌蕊	apocarpous gynoecium, apocarpous pistil	
02.458	雌蕊柄	gynophore	
02.459	心皮柄	carpophore	
02.460	雌蕊基	gynobase	
02.461	柱头	stigma	
02.462	柱头毛	stigma hair	
02.463	花柱	style	
02.464	花柱同长	homostyly	
02.465	花柱异长	heterostyly	
02.466	三式花柱式	heterotristyly	
02.467	合蕊柱	gynostemium	
02.468	子房	ovary	
02.469	上位子房	superior ovary	
02.470	半下位子房	half-inferior ovary	
02.471	下位子房	inferior ovary	
02.472	背缝线	dorsal suture	
02.473	腹缝线	ventral suture	
02.474	子房壁	ovary wall	
02.475	子房室	locule, cell	
02.476	隔膜	dissepiment, septum	
02.477	胎座	placenta	
02.478	胎座式	placentation	
02.479	边缘胎座式	marginal placentation	
02.480	侧膜胎座式	parietal placentation	
02.481	中轴胎座式	axile placentation	
02.482	特立中央胎座式	free-central placentation	
02.483	基生胎座式	basal placentation	
02.484	顶生胎座式	apical placentation	
02.485	全面胎座式	superficial placentation	
02.486	层状胎座式	laminal placentation	
02.487	悬垂胎座式	suspended placentation	
02.488	胎座框	replum	
02.489	胚珠	ovule	
02.490	直生胚珠	orthotropous ovule	
02.491	倒生胚珠	anatropous ovule	

序码	汉文名	英文名	注释
02.492	弯生胚珠	campylotropous ovule	
02.493	横生胚珠	hemi[ana]tropous ovule	
02.494	曲生胚珠	amphitropous ovule	
02.495	拳卷胚珠	circinotropous ovule	
02.496	果序	infructescence	
02.497	真果	true fruit	
02.498	假果	false fruit	
02.499	单[花]果	simple fruit	
02.500	复果	collective fruit, multiple fruit	又称"聚花果"。
02.501	椹果	sorosis	
02.502	离心皮果	apocarp	
02.503	合心皮果	syncarp	
02.504	聚合离果	aggregate free fruit	
02.505	单生离果	united free fruit	
02.506	聚合杯果	aggregate cup fruit	
02.507	单生杯果	united cup fruit	
02.508	干果	dry fruit	
02.509	裂果	dehiscent fruit	
02.510	蓇葖果	follicle	
02.511	荚果	legume, pod	
02.512	蒴果	capsule	
02.513	短角果	silicle	
02.514	长角果	silique	
02.515	盖果	pyxis, pyxidium	
02.516	瘦果	achene	
02.517	连萼瘦果	cypsela	
02.518	颖果	caryopsis	
02.519	刺果	lappa	
02.520	胞果	utricle	
02.521	翅果	samara	
02.522	坚果	nut	
02.523	小坚果	nutlet	
02.524	槲果	glans, acorn	
02.525	分果	schizocarp	
02.526	双悬果	cremocarp	
02.527	分果瓣	mericarp, coccus	
02.528	接着面	commissure	

序 码	汉 文 名	英 文 名	注 释
02.529	壳斗	cupule	
02.530	肉果	fleshy fruit, sarcocarp	
02.531	浆果	berry, bacca	
02.532	瓠果	pepo, gourd	
02.533	柑果	hesperidium	
02.534	核果	drupe	
02.535	小核果	drupelet	
02.536	蔷薇果	hip, cynarrhodion	
02.537	梨果	pome	
02.538	聚合果	aggregate fruit	
02.539	多汁果	succulent fruit	
02.540	附果	accessory fruit	
02.541	掺花果	anthocarpous fruit, anthocarp	
02.542	雌球果	female cone	
02.543	果皮	pericarp	
02.544	外果皮	exocarp	
02.545	中果皮	mesocarp	
02.546	内果皮	endocarp	
02.547	果肉	sarcocarp, pulp	
02.548	果柄	carpopodium	
02.549	脐	umbo	果实基部凹陷的部分。
02.550	着生面	areola	
02.551	节荚	loment	
02.552	核	stone	
02.553	球果	cone	
02.554	苞鳞	bract scale	
02.555	珠鳞	ovuliferous scale	在松杉柏类植物中，具有胚珠的鳞片。
02.556	种鳞	seminiferous scale	又称"果鳞"。球果上着生种子的鳞片。
02.557	鳞盾	apophysis	
02.558	种缨	coma	又称"丛毛"。
02.559	种皮	seed coat, testa	
02.560	假种皮	aril	
02.561	种阜	caruncle	
02.562	[种]脐	hilum	

序 码	汉 文 名	英 文 名	注 释
02.563	种脊	raphe	
02.564	胚乳	endosperm	
02.565	嚼烂状胚乳	ruminate endosperm	
02.566	粉质胚乳	farinaceous endosperm	
02.567	外胚乳	perisperm	
02.568	胚根缘倚胚	pleurorhizal embryo	
02.569	胚根背倚胚	notorrhizal embryo	
02.570	子叶折叠胚	orthoplocal embryo	
02.571	子叶螺卷胚	spirolobal embryo	
02.572	子叶回折胚	diplecolobal embryo	
02.573	胚体	embryo proper·	
02.574	胚柄	suspensor	
02.575	胚根	radicle	
02.576	胚根鞘	coleorhiza	
02.577	胚轴	embryonal axis	
02.578	下胚轴	hypocotyl	
02.579	上胚轴	epicotyl	
02.580	胚芽	plumule	
02.581	胚芽鞘	coleoptile	
02.582	盾片	scutellum	
02.583	子叶	cotyledon	
02.584	缘倚子叶	accumbent cotyledon	
02.585	背倚子叶	incumbent cotyledon	
02.586	子叶迹	cotyledon trace	
02.587	根瘤	root nodule, root tubercle	
02.588	冠瘿瘤	crown-gall nodule	
02.589	叶瘤	leaf nodule	
02.590	病毒瘤	virus tumor	
02.591	线虫瘤	nematode tumor	
02.592	杂交瘤	hybrid tumor	
02.593	菌根	mycorrhiza	
02.594	内生菌根	endomycorrhiza	
02.595	外生菌根	ectomycorrhiza	

03. 植物解剖学

序 码	汉 文 名	英 文 名	注 释
03.001	植物组织学	plant histology	
03.002	结构植物学	structural botany	
03.003	植物比较解剖学	plant comparative anatomy	
03.004	植物生理解剖学	plant physiological anatomy	
03.005	植物病理解剖学	plant pathological anatomy	
03.006	植物生态解剖学	plant ecological anatomy	
03.007	维管解剖学	vascular anatomy	
03.008	木材解剖学	wood anatomy	
03.009	初生植物体	primary plant body	
03.010	次生植物体	secondary plant body	
03.011	初生结构	primary structure	
03.012	次生结构	secondary structure	
03.013	组织系统	tissue system	
03.014	生长点	growing point	
03.015	生长锥	growing tip, growth cone	
03.016	茎端	stem apex	
03.017	分生组织	meristem	
03.018	原分生组织	promeristem	
03.019	初生分生组织	primary meristem	
03.020	次生分生组织	secondary meristem	
03.021	顶端分生组织	apical meristem	
03.022	侧生分生组织	lateral meristem	
03.023	居间分生组织	intercalary meristem	
03.024	边缘分生组织	marginal meristem	
03.025	周边分生组织	perimeristem	
03.026	板状分生组织	plate meristem	
03.027	表面分生组织	surface meristem	
03.028	侧面分生组织	flank meristem	
03.029	肋状分生组织	file meristem, rib meristem	
03.030	剩余分生组织	residual meristem	
03.031	基本分生组织	ground meristem	
03.032	拟分生组织	meristemoid	
03.033	顶端原始细胞	apical initial	
03.034	顶端细胞	apical cell	

序 码	汉 文 名	英 文 名	注 释
03.035	顶端生长	apical growth	
03.036	边缘原始细胞	marginal initial	
03.037	初生生长	primary growth	
03.038	次生生长	secondary growth	
03.039	居间生长	intercalary growth	
03.040	侵入生长	intrusive growth	
03.041	滑过生长	gliding growth, sliding growth	
03.042	内填生长	intussusception growth	
03.043	敷着生长	apposition growth	
03.044	组织原	histogen	
03.045	表皮原	dermatogen	
03.046	原表皮层	protoderm	
03.047	皮层原	periblem	
03.048	中柱原	plerome	
03.049	静止中心	quiescent center	又称"不活动中心"。
03.050	原套	tunica	
03.051	原体	corpus	
03.052	周边组织	perienchyma	
03.053	过渡区	transition zone	
03.054	壳状区	shell zone	
03.055	发生环	initial ring	
03.056	基本系统	fundamental system	
03.057	基本组织	fundamental tissue, ground tissue	
03.058	同化组织	assimilating tissue	
03.059	薄壁组织	parenchyma	
03.060	绿色组织	chlorenchyma	
03.061	贮藏组织	storage tissue	
03.062	贮水组织	water-storing tissue, water-storage tissue, aqueous tissue	
03.063	通气组织	ventilating tissue	
03.064	吸收组织	absorptive tissue	
03.065	输导组织	conducting tissue	
03.066	保护组织	protective tissue	
03.067	机械组织	mechanical tissue	
03.068	厚角组织	collenchyma	
03.069	厚壁组织	sclerenchyma	
03.070	硬化组织	sclerotic tissue	

序 码	汉 文 名	英 文 名	注 释
03.071	瘢痕组织	scar tissue	
03.072	纤维	fiber	
03.073	韧皮纤维	phloem fiber, bast fiber	
03.074	初生韧皮纤维	primary phloem fiber	
03.075	韧型纤维	libriform fiber	
03.076	中柱鞘纤维	pericyclic fiber	
03.077	周维管纤维	perivascular fiber	
03.078	木纤维	wood fiber	
03.079	分隔木纤维	septate wood fiber	
03.080	胶质纤维	gelatinous fiber	
03.081	分隔纤维	septate fiber	
03.082	硬化纤维	sclerotic fiber	
03.083	石细胞	sclereid, stone cell	
03.084	皮系统	dermal system	
03.085	表皮	epidermis	
03.086	复表皮	multiple epidermis	
03.087	气孔	stoma	
03.088	气孔器	stomatal apparatus	
03.089	保卫细胞	guard cell	
03.090	副卫细胞	subsidiary cell	
03.091	气孔室	stomatic chamber	
03.092	气室	air chamber	
03.093	泡状细胞	bulliform cell	
03.094	传递细胞	transfer cell	
03.095	异细胞	idioblast	
03.096	绞合细胞	hinge cell	
03.097	星状细胞	stellate cell	
03.098	末端细胞	terminal cell	
03.099	表皮毛	epidermal hair	
03.100	毛状体	trichome	
03.101	生毛细胞	trichoblast	
03.102	单毛	simple hair	
03.103	单细胞毛	unicellular hair	
03.104	双细胞毛	bicellular hair	
03.105	多细胞毛	multicellular hair	
03.106	蜇毛	stinging hair	
03.107	盾状毛	peltate hair	

序 码	汉文名	英 文 名	注 释
03.108	粘液毛	colleter	
03.109	腺毛	glandular hair	
03.110	分泌毛	secretory hair	
03.111	非腺毛	nonglandular hair	
03.112	乳突[毛]	papilla	
03.113	触觉乳头	tactile papilla	
03.114	触觉窝	tactile pit	
03.115	触觉毛	tactile hair	
03.116	吸收毛	absorbing hair	
03.117	贮水泡	water vesicle	
03.118	分枝毛	branched hair	
03.119	树状毛	dendroid hair	
03.120	角质膜	cuticle	曾用名"角质层"。由表皮细胞壁外表面的角质层和角化层共同组成的层次。
03.121	角质	cutin	
03.122	角质层	cuticle	由角质和蜡质共同组成的层次。
03.123	角化[作用]	cutinization	
03.124	角化层	cutinized layer	由角质和纤维素共同组成的层次。
03.125	角质膜形成[作用]	cuticularization	
03.126	树皮	bark	
03.127	环状树皮	ring bark	
03.128	鳞状树皮	scale bark	
03.129	周皮	periderm	
03.130	木栓形成层	cork cambium, phellogen	
03.131	木栓	cork, phellem	
03.132	叠生木栓	storied cork	
03.133	栓内层	phelloderm	
03.134	栓化[作用]	suberization, suberification	
03.135	木栓细胞	cork cell	又称"栓化细胞"。
03.136	硅质细胞	silica cell	
03.137	拟木栓细胞	phelloid cell	
03.138	创伤周皮	wound periderm	

序 码	汉文名	英 文 名	注 释
03.139	复周皮	polyderm	又称"复皮层"。
03.140	落皮层	rhytidome	
03.141	皮孔	lenticel[le]	
03.142	补充组织	complementary tissue, filling tissue	
03.143	封闭层	closing layer	
03.144	维管系统	vascular system	
03.145	维管组织	vascular tissue	
03.146	初生维管组织	primary vascular tissue	
03.147	次生维管组织	secondary vascular tissue	
03.148	形成层	cambium	
03.149	原形成层	procambium	
03.150	维管形成层	vascular cambium	
03.151	纺锤状原始细胞	fusiform initial	
03.152	射线原始细胞	ray initial	
03.153	束中形成层	fascicular cambium	
03.154	束间形成层	interfascicular cambium	
03.155	额外形成层	extra cambium	
03.156	创伤形成层	wound cambium	
03.157	叠生形成层	storied cambium	
03.158	非叠生形成层	nonstoried cambium	
03.159	成膜体	phragmoplast	
03.160	木质部	xylem	
03.161	木质部原始细胞	xylem initial	
03.162	木质部母细胞	xylem mother cell	
03.163	初生木质部	primary xylem	
03.164	原生木质部	protoxylem	
03.165	原生木质部极	protoxylem pole	
03.166	木质部岛	xylem island	
03.167	原生木质部腔隙	protoxylem lacuna	
03.168	后生木质部	metaxylem	
03.169	管状分子	tracheary element	
03.170	次生加厚	secondary thickening	
03.171	环状加厚	annular thickening	
03.172	螺纹加厚	spiral thickening, helical thicke-ning	
03.173	梯纹加厚	scalariform thickening	

序 码	汉 文 名	英 文 名	注 释
03.174	网纹加厚	reticulate thickening, net–like thickening	
03.175	次生木质部	secondary xylem	
03.176	木材	wood	
03.177	无孔材	non-porous wood	
03.178	有孔材	porous wood	
03.179	散孔材	diffuse-porous wood	
03.180	环孔材	ring-porous wood	
03.181	半环孔材	semi-ring-porous wood	
03.182	边材	sapwood	
03.183	心材	heartwood	
03.184	早材	early wood, spring wood	又称"春材"。
03.185	晚材	late wood, summer wood	又称"夏材"。
03.186	针叶材	softwood, coniferous wood, needle wood	又称"软材"。
03.187	阔叶材	hardwood, dicotyledonous wood, broad leaf wood	又称"硬材"。
03.188	生长轮	growth ring	
03.189	年轮	annual ring	
03.190	假年轮	false annual ring	
03.191	应力木	reaction wood	曾用名"反应木"。由于植物枝条反抗倾斜或弯曲产生重力的影响，形成的一种异常木材。
03.192	应压木	compression wood	又称"压缩木"。
03.193	应拉木	tension wood	又称"伸张木"。
03.194	轴向系统	axial system	
03.195	径向系统	radial system	
03.196	射线系统	ray system	
03.197	管胞	tracheid	
03.198	纤维管胞	fiber tracheid	
03.199	分隔管胞	septate tracheid	
03.200	分隔纤维管胞	septate fiber tracheid	
03.201	射线管胞	ray tracheid	
03.202	转输管胞	transfusion tracheid	
03.203	网状管胞	reticulated tracheid	

序 码	汉 文 名	英 文 名	注 释
03.204	纹孔	pit	
03.205	纹孔对	pit-pair	
03.206	纹孔缘	pit border	
03.207	纹孔塞	torus	
03.208	纹孔膜	pit membrane	
03.209	塞缘	margo	
03.210	纹孔道	pit canal	
03.211	纹孔腔	pit cavity	
03.212	纹孔室	pit chamber	
03.213	纹孔口	pit aperture	
03.214	纹孔外口	outer aperture	
03.215	纹孔内口	inner aperture	
03.216	合生纹孔口	coalescent aperture	
03.217	单纹孔	simple pit	
03.218	分枝纹孔	ramiform pit	
03.219	十字纹孔	crossed pit	
03.220	具缘纹孔	bordered pit	
03.221	半具缘纹孔对	half-bordered pit-pair	
03.222	附物纹孔	vestured pit	
03.223	盲纹孔	blind pit	
03.224	交叉场	cross field	
03.225	交叉场纹孔式	cross-field pitting	
03.226	眉条	crassulae	
03.227	径列条	trabeculae	
03.228	导管	vessel	
03.229	环纹导管	ringed vessel	
03.230	螺纹导管	spiral vessel	
03.231	孔纹导管	pitted vessel	
03.232	单穿孔导管	porous vessel	
03.233	梯纹导管	scalariform vessel	
03.234	网纹导管	reticulate vessel	
03.235	管孔	pore	
03.236	孔团	pore cluster	
03.237	孔链	pore chain	
03.238	单管孔	solitary pore	
03.239	复管孔	multiple pore	
03.240	单穿孔	simple perforation	

序码	汉文名	英文名	注释
03.241	复穿孔	multiple perforation	
03.242	梯状穿孔	scalariform perforation	
03.243	网状穿孔	reticulate perforation	
03.244	纹孔式	pitting	
03.245	管间纹孔式	intervascular pitting	
03.246	梯状纹孔式	scalariform pitting	
03.247	梯状-对列纹孔式	scalariform-opposite pitting	
03.248	对列纹孔式	opposite pitting	
03.249	互列纹孔式	alternate pitting	
03.250	侵填体	tylosis	
03.251	穿孔板	perforation plate	
03.252	木薄壁组织	wood parenchyma, xylem parenchyma	
03.253	离管薄壁组织	apotracheal parenchyma	
03.254	星散薄壁组织	diffuse parenchyma	
03.255	带状薄壁组织	banded parenchyma	
03.256	界限薄壁组织	boundary parenchyma	
03.257	傍管薄壁组织	paratracheal parenchyma	
03.258	环管薄壁组织	vasicentric parenchyma	
03.259	翼状薄壁组织	aliform parenchyma	
03.260	聚翼薄壁组织	confluent parenchyma	
03.261	稀疏薄壁组织	scanty parenchyma	
03.262	射线	ray	
03.263	髓射线	medullary ray, pith ray	
03.264	维管射线	vascular ray	
03.265	韧皮射线	phloem ray	
03.266	木射线	xylem ray	
03.267	单列射线	uniseriate ray	
03.268	多列射线	multiseriate ray	
03.269	叠生射线	storied ray	
03.270	聚合射线	aggregate ray	
03.271	同型[细胞]射线	homocellular ray	
03.272	异型[细胞]射线	heterocellular ray	
03.273	直立射线细胞	upright ray cell	
03.274	横卧射线细胞	procumbent ray cell	
03.275	射线薄壁组织	ray parenchyma	

序 码	汉 文 名	英 文 名	注 释
03.276	韧皮部	phloem	
03.277	韧皮部原始细胞	phloem initial	
03.278	韧皮部母细胞	phloem mother cell	
03.279	初生韧皮部	primary phloem	
03.280	原生韧皮部	protophloem	
03.281	后生韧皮部	metaphloem	
03.282	内生韧皮部	internal phloem	
03.283	内函韧皮部	included phloem	
03.284	韧皮部岛	phloem island	
03.285	次生韧皮部	secondary phloem	
03.286	筛分子	sieve element	
03.287	筛胞	sieve cell	
03.288	筛管	sieve tube	
03.289	珠光壁	nacreous wall, nacre wall	
03.290	筛板	sieve plate	
03.291	筛域	sieve area	
03.292	筛孔	sieve pore	
03.293	联络索	connecting strand	
03.294	胼胝体	callus	
03.295	粘液体	slime body	
03.296	粘液塞	slime plug	
03.297	p-蛋白	p-protein	
03.298	伴胞	companion cell	
03.299	蛋白质细胞	albuminous cell	
03.300	韧皮薄壁组织	phloem parenchyma	
03.301	分泌组织	secretory tissue	
03.302	分泌细胞	secretory cell	
03.303	腺[体]	gland	
03.304	蜜腺	nectary	
03.305	花蜜	nectar	
03.306	花[上]蜜腺	floral nectary	
03.307	花外蜜腺	extrafloral nectary	
03.308	排水器	hydathode	
03.309	排水细胞	hydathodal cell	
03.310	水孔	water pore	
03.311	裂生间隙	schizogenous space	
03.312	溶生间隙	lysigenous space	

序 码	汉 文 名	英 文 名	注 释
03.313	裂溶生间隙	schizo-lysigenous space	
03.314	破生间隙	rhexigenous space	
03.315	分泌腔	secretory cavity	
03.316	分泌道	secretory canal	
03.317	粘液细胞	mucilage cell	
03.318	粘液腔	mucilage cavity	
03.319	粘液道	mucilage canal	
03.320	树脂细胞	resin cell	
03.321	油道	vitta	
03.322	树脂道	resin canal, resin duct	
03.323	树脂腔	resin cavity	
03.324	树胶道	gum canal	
03.325	创伤树脂道	traumatic resin duct	
03.326	上皮	epithelium	
03.327	乳汁细胞	laticiferous cell, latex cell	
03.328	乳汁管	laticiferous tube, latex duct	
03.329	乳汁器	laticifer	
03.330	有节乳汁器	articulate laticifer	
03.331	无节乳汁器	non-articulate laticifer	
03.332	根尖	root tip	
03.333	根冠	root cap, calyptra	
03.334	柱状细胞	columnar cell, pillar cell	
03.335	平衡细胞	statocyte	
03.336	平衡石	statolith	
03.337	分生组织区	meristem zone, meristem region	
03.338	伸长区	elongation zone, elongation region	
03.339	根毛区	root-hair zone, root-hair region	
03.340	成熟区	maturation zone, maturation region	
03.341	根茎过渡区	root-stem transition zone, root-stem transition region	
03.342	初生根	primary root	
03.343	次生根	secondary root	
03.344	根被皮	epiblem, rhizodermis	
03.345	根被	velamen	
03.346	根鞘	root sheath	

序 码	汉 文 名	英 文 名	注 释
03.347	根毛	root hair	
03.348	外皮层	exodermis	
03.349	皮层	cortex	
03.350	次生皮层	secondary cortex	
03.351	内皮层	endodermis	
03.352	凯氏带	Casparian strip, Casparian band	
03.353	凯氏点	Casparian dots	
03.354	通道细胞	passage cell	
03.355	中柱鞘	pericycle	
03.356	外始式	exarch	
03.357	中始式	mesarch	
03.358	内始式	endarch	
03.359	单原型	monarch	
03.360	二原型	diarch	
03.361	三原型	triarch	
03.362	多原型	polyarch	
03.363	根迹	root trace	
03.364	维管柱	vascular cylinder	
03.365	中柱	stele, central cylinder	
03.366	中柱学说	stelar theory	
03.367	单体中柱	monostele	
03.368	原生中柱	protostele	
03.369	管状中柱	siphonostele	
03.370	双韧管状中柱	amphiphloic siphonostele	
03.371	疏隙管状中柱	solenostele	
03.372	网状中柱	dictyostele	
03.373	编织中柱	plectostele	
03.374	星状中柱	actinostele	
03.375	多体中柱	polystele	
03.376	散生中柱	atactostele	
03.377	多环式中柱	polycyclic stele	
03.378	真中柱	eustele	
03.379	维管束	vascular bundle	
03.380	外韧维管束	collateral vascular bundle	
03.381	双韧维管束	bicollateral vascular bundle	
03.382	同心维管束	concentric vascular bundle	
03.383	周韧维管束	amphicribral vascular bundle	

序 码	汉 文 名	英 文 名	注 释
03.384	周木维管束	amphivasal vascular bundle	
03.385	维管束鞘	vascular bundle sheath	
03.386	淀粉鞘	starch sheath	
03.387	枝迹	branch trace	
03.388	枝隙	branch gap	
03.389	叶迹	folial trace	
03.390	叶隙	folial gap	
03.391	迹隙	trace gap	
03.392	髓	pith, medulla	
03.393	髓斑	pith fleck	
03.394	分隔髓	diaphragmed pith	
03.395	环髓带	perimedullary zone, perimedullary region	又称"环髓区"，"髓鞘 (medullary sheath)"。
03.396	原基	primordium	
03.397	叶原基	leaf primordium	
03.398	叶原座	leaf buttress	
03.399	叶肉组织	mesophyll tissue	
03.400	栅栏组织	palisade tissue	
03.401	海绵组织	spongy tissue	
03.402	转输组织	transfusion tissue	
03.403	副转输组织	accessory transfusion tissue	
03.404	离层	abscission layer	
03.405	离区	abscission zone	
03.406	保护层	protective layer	
03.407	盐腺	salt gland	
03.408	后含物	ergastic substance	
03.409	造粉粒	amyloplastid	
03.410	造粉体	amyloplast	
03.411	淀粉粒	starch grain	
03.412	糊粉层	aleurone layer	
03.413	糊粉粒	aleurone grain	
03.414	鞣质细胞	tannin cell	又称"单宁细胞"。
03.415	晶细胞	lithocyst	
03.416	含晶细胞	crystal cell	又称"结晶细胞"。
03.417	含晶异细胞	crystal idioblast	
03.418	含晶纤维	crystal fiber	
03.419	晶体	crystal	又称"结晶"。

序 码	汉 文 名	英 文 名	注 释
03.420	拟晶体	crystalloid	又称"类晶体"。
03.421	针晶体	raphide, acicular crystal	
03.422	针晶细胞	raphidian cell	
03.423	针晶异细胞	raphidian idioblast, raphide idioblast	
03.424	针晶囊	raphide sac	
03.425	棱晶[体]	prismatic crystal	
03.426	柱状晶[体]	styloid	
03.427	晶簇	druse	
03.428	沙晶	sand crystal	
03.429	莲座状沙晶	rosette sand crystal	
03.430	晶囊	crystal sac	
03.431	钟乳体	cystolith	
03.432	硅酸体	silicate body	
03.433	垂周壁	anticlinal wall	
03.434	平周壁	periclinal wall	
03.435	径向壁	radial wall	
03.436	弦向壁	tangential wall	又称"切向壁"。
03.437	胞间层	middle lamella	又称"中层"。
03.438	复合胞间层	compound middle lamella	又称"复合中层"。
03.439	初生壁	primary wall	
03.440	次生壁	secondary wall	
03.441	[具]瘤层	wart[y] layer	
03.442	初生纹孔	primary pit	
03.443	初生纹孔场	primary pit field	
03.444	胞间连丝	plasmodesma	
03.445	外连丝	ectodesma	
03.446	胞间隙	intercellular space	
03.447	胞间道	intercellular canal	
03.448	胞间腔	intercellular cavity	
03.449	通气孔	ventilating pit	

04. 植物胚胎学

序 码	汉 文 名	英 文 名	注 释
04.001	植物比较胚胎学	comparative plant embryology	

序码	汉文名	英文名	注释
04.002	植物实验胚胎学	experimental plant embryology	
04.003	植物胚胎系统发育学	plant phylembryogenesis	
04.004	植物生殖生物学	plant reproduction biology	
04.005	传粉	pollination	
04.006	传粉者	pollinator	又称"授粉者"。
04.007	自花传粉	self-pollination	
04.008	异花传粉	cross-pollination	
04.009	自由传粉	free pollination	
04.010	传粉滴	pollination drop	
04.011	试管授粉	test tube pollination	
04.012	风媒	anemophily	
04.013	风媒传粉	anemophilous pollination	
04.014	虫媒	entomophily	
04.015	虫媒传粉	entomophilous pollination	
04.016	风虫媒	anemoentomophily	
04.017	水媒	hydrophily	
04.018	水媒传粉	hydrophilous pollination	
04.019	鸟媒	ornithophily	
04.020	鸟媒传粉	ornithophilous pollination	
04.021	蚁媒	myrmecophily	
04.022	蜗媒	malacophily	
04.023	翼手媒	ch[e]iropterophily	
04.024	性周期	sexual cycle	又称"生殖周期"。
04.025	有性生殖	sexual reproduction	
04.026	无性生殖	asexual reproduction	
04.027	两性生殖	bisexual reproduction, amphigenesis	
04.028	单亲生殖	monogenetic reproduction	
04.029	孤雌生殖	parthenogenesis	又称"单性生殖"。
04.030	孤雄生殖	male parthenogenesis	
04.031	单雌生殖	gynogenesis	曾用名"雌核发育"。
04.032	单雄生殖	androgenesis	曾用名"雄核发育"。
04.033	无融合生殖	apomixis	
04.034	无配子生殖	apogam[et]y	
04.035	无孢子生殖	apospory	
04.036	雄性不育	male sterile	

序　码	汉　文　名	英　文　名	注　　释
04.037	单性结实	parthenocarpy	
04.038	性反转	sex-reversal	
04.039	超雄性	super-male	
04.040	超雌性	super-female	
04.041	孢子发生	sporogenesis	
04.042	造孢组织	sporogenous tissue	
04.043	造孢细胞	sporogenous cell	
04.044	孢子母细胞	spore mother cell	
04.045	大孢子发生	megasporogenesis	
04.046	大孢子母细胞	megaspore mother cell	
04.047	大孢子	megaspore, macrospore	
04.048	大孢子吸器	megaspore haustorium	
04.049	小孢子	microspore, androspore	
04.050	小孢子发生	microsporogenesis	
04.051	小孢子母细胞	microspore mother cell	
04.052	多孢子现象	polyspory	
04.053	性母细胞	meiocyte	
04.054	性原细胞	gonocyte, gonium	
04.055	性细胞	sexual cell	
04.056	游离核	free nuclei	
04.057	游离核时期	free nuclear stage	
04.058	雌配子体	megagametophyte, female game-tophyte	
04.059	贮粉室	pollen chamber	
04.060	颈卵器	archegonium	
04.061	颈卵器原始细胞	archegonial initial	
04.062	颈卵器室	archegonial chamber	
04.063	颈细胞	neck cell	
04.064	颈原始细胞	neck initial	
04.065	颈沟细胞	neck canal cell	
04.066	腹沟细胞	ventral canal cell	
04.067	腹沟核	ventral canal nucleus	
04.068	初生颈细胞	primary neck cell	
04.069	初生沟细胞	primary canal cell	
04.070	雌配子	megagamete	
04.071	卵	egg	
04.072	雄配子体	microgametophyte, male game-	

序 码	汉文名	英 文 名	注 释
		tophyte	
04.073	精子器	antheridium	又称"藏精器"。
04.074	精子器原始细胞	antheridial initial	
04.075	精子器细胞	antheridial cell	
04.076	柄细胞	stalk cell	
04.077	原叶细胞	prothallial cell	
04.078	管细胞	tube cell	
04.079	体细胞	body cell	
04.080	生殖细胞	generative cell	
04.081	生殖核	generative nucleus	
04.082	营养细胞	vegetative cell	
04.083	营养核	vegetative nucleus	
04.084	管核	tube nucleus	
04.085	雄配子	microgamete	
04.086	雄细胞	male cell, androcyte	
04.087	精细胞	sperm cell	
04.088	精子	sperm	
04.089	游动精子	spermatozoid, zoosperm	
04.090	生毛体	blepharoplast	
04.091	精核	spermo-nucleus, male nucleus, arrhenokaryon	又称"雄核"。
04.092	雄质	arrhenoplasm	
04.093	雄性生殖单位	male germ unit, MGU	
04.094	精子发生	spermatogenesis	
04.095	精原细胞	spermatogenous cell	
04.096	精母细胞	spermatocyte	
04.097	初生壁细胞	primary wall cell	
04.098	周缘细胞	parietal cell	
04.099	药室内壁	endothecium	
04.100	中层	middle layer	指药壁中层。
04.101	绒毡层	tapetum	
04.102	周缘质团	periplasmodium	
04.103	周缘质团绒毡层	periplasmodial tapetum	又称"变形绒毡层 (amoeboid tapetum)"。
04.104	分泌绒毡层	secretory tapetum	又称"腺质绒毡层 (glandular tapetum)"。
04.105	绒毡层膜	tapetal membrane	

序 码	汉 文 名	英 文 名	注 释
04.106	外绒毡层膜	extra-tapetal membrane	
04.107	含油层	tryphine	
04.108	乌氏体	Ubisch body	
04.109	原乌氏体	pro-Ubisch body	
04.110	花粉	pollen	
04.111	花粉粒	pollen grain	
04.112	花粉管	pollen tube	
04.113	花粉母细胞	pollen mother cell	
04.114	四分孢子	tetraspore	
04.115	四分体	tetrad	
04.116	直列四分体	linear tetrad	
04.117	T-形四分体	T-shaped tetrad	
04.118	三分体	triad	
04.119	二分体	dyad	
04.120	同时型	simultaneous type	
04.121	连续型	successive type	
04.122	[花粉]壁蛋白	wall-held protein	
04.123	外壁蛋白	exine-held protein	
04.124	内壁蛋白	intine-held protein	
04.125	花粉鞘	pollenkitt	
04.126	干柱头	dry stigma	
04.127	湿柱头	wet stigma	
04.128	柱头乳突	stigmatic papilla	
04.129	类柱头组织	stigmatoid tissue	
04.130	[蛋白质]表膜	[proteinaceous] pellicle	
04.131	群体效应	population effect	
04.132	拒绝反应	rejection reaction	又称"排斥反应"。
04.133	识别反应	recognition reaction	
04.134	识别蛋白	recognition protein	
04.135	花粉生长因素	pollen growth factor, PGF	
04.136	胼胝质塞	callose plug	
04.137	实心花柱	solid style	
04.138	中空花柱	hollow style	
04.139	花柱道	stylar canal	
04.140	引导组织	transmitting tissue	
04.141	厚珠心胚珠	crassinucellate ovule	
04.142	薄珠心胚珠	tenuinucellate ovule	

序 码	汉 文 名	英 文 名	注 释
04.143	珠柄	funicle, funiculus	
04.144	珠托	collar	
04.145	珠被	integument	
04.146	外珠被	outer integument	
04.147	内珠被	inner integument	
04.148	珠被绒毡层	integument tapetum	
04.149	珠孔	micropyle	
04.150	珠孔吸器	micropylar haustorium	
04.151	合点吸器	chalazal haustorium	
04.152	珠孔室	micropylar chamber	
04.153	合点腔	chalazal chamber	
04.154	珠心	nucellus	
04.155	珠心细胞	nucellar cell	
04.156	周缘层	parietal layer	
04.157	珠孔端	micropylar end	
04.158	合点端	chalazal end	
04.159	合点	chalaza	
04.160	胚囊	embryo sac	
04.161	胚囊母细胞	embryo sac mother cell	
04.162	单孢子胚囊	monosporic embryo sac	
04.163	双孢子胚囊	bisporic embryo sac	
04.164	四孢子胚囊	tetrasporic embryo sac	
04.165	胚囊管	embryo sac tube	
04.166	卵核	egg nucleus	
04.167	卵膜	egg membrane	
04.168	卵器	egg apparatus	
04.169	助细胞	synergid	
04.170	退化助细胞	degenerated synergid	
04.171	宿存助细胞	persistent synergid	
04.172	助细胞吸器	synergid haustorium	
04.173	丝状器	filiform apparatus	
04.174	中央细胞	central cell	
04.175	极核	polar nucleus	
04.176	反足核	antipodal nucleus	
04.177	反足细胞	antipodal cell	
04.178	反足吸器	antipodal haustorium	
04.179	雌性生殖单位	female germ unit, FGU	

序码	汉文名	英文名	注释
04.180	次生核	secondary nucleus	
04.181	再组核	restitution nucleus	又称"复组核"。
04.182	自交亲和性	self-compatibility	
04.183	自花不稔性	self-sterility	
04.184	雌雄嵌体	gynandromorph	
04.185	雌雄间体	intersex	
04.186	雌雄间性	intersexuality	
04.187	异粉性	xenia	又称"种子直感"。
04.188	后生异粉性	metaxenia	又称"果实直感"。
04.189	受精作用	fertilization	
04.190	自花受精	autogamy, self-fertilization	
04.191	异花受精	allogamy, cross-fertilization	
04.192	珠孔受精	porogamy	
04.193	中部受精	mesogamy	
04.194	合点受精	chalazogamy	
04.195	基部受精	basigamy	
04.196	粉管受精	siphonogamy	
04.197	配子配合	syngamy	
04.198	三核并合	triple fusion	
04.199	双受精	double fertilization	
04.200	核融合	karyomixis	
04.201	单精入卵	monospermy	
04.202	双精入卵	dispermy	又称"二精入卵"。
04.203	多精入卵	polyspermy	
04.204	核配合	karyogamy	
04.205	胞质配合	cytogamy	
04.206	合子	zygote	
04.207	受精卵	fertilized egg, oosperm	
04.208	半融合	semimixis	
04.209	假融合	pseudomixis	
04.210	自融合	automixis	
04.211	原核	pronucleus	
04.212	新细胞质	neocytoplasm	
04.213	异核体	heterocaryon	
04.214	异核现象	heterocaryosis	
04.215	核型胚乳	nuclear [type] endosperm	
04.216	细胞型胚乳	cellular [type] endosperm	

序 码	汉文名	英 文 名	注 释
04.217	沼生目型胚乳	helobial [type] endosperm	
04.218	原胚乳细胞	proendospermous cell	
04.219	初生胚乳细胞	primary endosperm cell	
04.220	初生胚乳核	primary endosperm nucleus	
04.221	胚乳吸器	endosperm haustorium	
04.222	胚胎发育	embryogenesis, embryogeny	又称"胚胎发生"。
04.223	胚胎系统发育	phylembryogenesis	
04.224	胎萌	vivipary	
04.225	幼态成熟	neoteny	
04.226	后熟[作用]	after-ripening	
04.227	原球茎	protocorm	又称"原基体"。
04.228	基细胞	basal cell	
04.229	原胚	proembryo	
04.230	原胚管	proembryonal tube	
04.231	胚管	embryonal tube	
04.232	八分体	octant	
04.233	球形胚	globular embryo	
04.234	前心形胚	preheart-shape embryo	
04.235	心形胚	heart-shape embryo	
04.236	鱼雷形胚	torpedo-shape embryo	
04.237	原胚柄	prosuspensor	
04.238	初生胚柄	primary suspensor	
04.239	次生胚柄	secondary suspensor	
04.240	胚柄层	suspensor tier	
04.241	原胚柄层	prosuspensor tier	
04.242	莲座层	rosette tier	
04.243	莲座细胞	rosette cell	
04.244	莲座胚	rosette embryo	
04.245	开放层	open tier	
04.246	顶端层	apical tier	
04.247	胚柄吸器	suspensor haustorium	
04.248	胚根原	hypophysis	
04.249	胚芽原	epiphysis	
04.250	多胚现象	polyembryony	
04.251	简单多胚[现象]	simple polyembryony	
04.252	裂生多胚[现象]	cleavage polyembryony	
04.253	合子胚	zygotic embryo	

序码	汉文名	英文名	注释
04.254	胚乳胚	endosperm embryo	
04.255	助细胞胚	synergid embryo	
04.256	反足胚	antipodal embryo	
04.257	珠心胚	nucellar embryo	
04.258	胚柄胚	suspensor embryo	
04.259	体细胞胚	somatic embryo	
04.260	不定胚	adventitious embryo	
04.261	胚状体	embryoid	

05. 藻 类 学

序码	汉文名	英文名	注释
05.001	藻类	algae	
05.002	气生藻类	aerial algae	
05.003	水生藻类	hydrobiontic algae	
05.004	内生藻类	endophytic algae	
05.005	寄生藻类	parasitic algae	
05.006	陆生藻类	terrestrial algae	
05.007	灭藻剂	algicide	
05.008	水华	blooms, water bloom	
05.009	赤潮	red tide	
05.010	丝体	filament	
05.011	藻丝	trichome	
05.012	异丝性	heterotrichy	
05.013	假丝体	pseudofilament	
05.014	胶质鞘	gelatinous sheath	
05.015	繁殖体	propagulum	
05.016	[隔]离盘	separation disc	
05.017	异形胞	heterocyst	
05.018	段殖体	hormogon[ium]	又称"藻殖段"。
05.019	藻膜体	phycoplast	
05.020	翻转	inversion	
05.021	群体	colony	
05.022	定形群体	coenobium	
05.023	似亲群体	autocolony	
05.024	不定群体	palmella	又称"胶群体"。

序 码	汉 文 名	英 文 名	注 释
05.025	皿状体	plakea	
05.026	帽状体	calyptra, calypter	
05.027	缢断[作用]	abstriction	
05.028	鞭毛器	flagellum apparatus	
05.029	[细]胞咽	cytopharynx	
05.030	收缩泡	contractile vacuole	
05.031	储蓄泡	reservoir	
05.032	基体	basal body	
05.033	眼点	stigma, eye spot	
05.034	鞭毛	flagellum	
05.035	尾鞭型	whiplash type, acronematic type	
05.036	茸鞭型	tinsel type, pleuronematic type	
05.037	鞭茸	flimmer, mastigoneme	
05.038	鞭毛轴丝	axoneme	
05.039	前鞭毛	front flagellum	
05.040	轮生鞭毛	stephanokont	
05.041	附着鞭毛	haptonema	
05.042	拟鞭毛	pseudoflagellum	
05.043	副鞭体	paraflagellar body	
05.044	微丝	microfibril	
05.045	夹膜	capsule	
05.046	泡囊	vesicle	
05.047	搏动泡	pusule	
05.048	壳	theca	
05.049	壳套	mantle	
05.050	上壳面	epivalve	
05.051	下壳面	hypovalve	
05.052	内壳面	internal valve	
05.053	蓝质体	cyanoplast	
05.054	蓝藻素颗粒	cyanophycin granule	
05.055	蓝色小体	cyanelle	指共生体中的蓝色细胞器。
05.056	胞内蓝藻共生	endocyanosis	指寄生细胞内的蓝藻和寄主的共生作用。
05.057	噬蓝藻体	cyanophage	指蓝藻细胞内的病毒。
05.058	内包膜	inner investment	

序 码	汉 文 名	英 文 名	注 释
05.059	硅质囊膜	silicalemma	
05.060	硅藻细胞	frustule	
05.061	硅藻土	diatomaceous earth	
05.062	藻胶	algin, phycocolloid	
05.063	藻胆素	phycobilin	
05.064	藻蓝素	phycocyanobilin	
05.065	藻红素	phycoerythrobilin	
05.066	藻蓝蛋白	phycocyanin	
05.067	藻红蛋白	phycoerythrin	
05.068	藻胆[蛋白]体	phycobilisome	
05.069	蓝藻黄素	myxoxanthin	又称"粘藻黄素"。
05.070	别藻蓝蛋白	allophycocyanin	又称"异藻蓝蛋白"。
05.071	蓝藻叶黄素	myxoxanthophyll	又称"粘藻叶黄素"。
05.072	蓝隐藻黄素	monadoxanthin	
05.073	角黄素	canthaxanthin	
05.074	墨角藻黄素	fucoxanthin	又称"岩藻黄质"。
05.075	新墨角藻黄素	neofucoxanthin	
05.076	新甲藻黄素	neodinoxanthin	
05.077	新黄素	neoxanthin	又称"新黄质"。
05.078	金藻色素	chrysochrome	
05.079	金藻叶黄素	chrysoxanthophyll	
05.080	变胞藻黄素	astaxanthin	
05.081	红形素	rhodomorphin	
05.082	红藻淀粉	floridean starch	
05.083	褐藻素	pheophytin	
05.084	淀粉核	pyrenoid	又称"蛋白核"。
05.085	副淀粉	paramylum	
05.086	营养繁殖	vegetative reproduction	
05.087	裂殖[作用]	schizogenesis	
05.088	接合[作用]	conjugation	
05.089	接合管	conjugation tube	
05.090	梯形接合	scalariform conjugation	
05.091	侧面接合	lateral conjugation	
05.092	自配生殖	autogamy	
05.093	同宗配合	homothallism	
05.094	异宗配合	heterothallism	
05.095	同配生殖	isogamy, homogamy	

序　码	汉 文 名	英 文 名	注　释
05.096	异配生殖	anisogamy	
05.097	卵式生殖	oogamy	
05.098	生活史	life history, life cycle	又称"生活周期"。
05.099	世代交替	alternation of generations	
05.100	同形世代交替	isomorphic alternation of generations	
05.101	异形世代交替	heteromorphic alternation of generations	
05.102	有性世代	sexual generation	又称"配子体世代(gametophyte generation)"。
05.103	无性世代	asexual generation	又称"孢子体世代(sporophyte generation)"。
05.104	孢子体	sporophyte	
05.105	配子体	gametophyte	
05.106	孢子	spore	
05.107	异形孢子	anisospore	
05.108	游动孢子	zoospore	
05.109	不动孢子	aplanospore	
05.110	复大孢子	auxospore	
05.111	似亲孢子	autospore	
05.112	中性孢子	neutral spore	
05.113	卵孢子	oospore	
05.114	壳孢子	conchospore	
05.115	附生孢子	epispore	
05.116	果孢子	carpospore	
05.117	败育动孢子	abortive zoospore	又称"早产动孢子"。
05.118	单室孢子	unispore	
05.119	多室孢子	plurispore	
05.120	孢子囊	sporangium	
05.121	单室孢子囊	unilocular sporangium	
05.122	多室孢子囊	plurilocular sporangium	
05.123	双孢子囊	bisporangium	
05.124	四分孢子囊	tetrasporangium	
05.125	配子	gamete	
05.126	同形配子	isogamete, homogamete	

序 码	汉 文 名	英 文 名	注 释
05.127	异形配子	anisogamete, heterogamete	
05.128	多核配子	coenogamete	
05.129	果胞	carpogone	
05.130	果胞丝	carpogonial filament	
05.131	造孢丝	sporogenous thread, sporogenous filament	
05.132	产孢丝	gonimoblast	
05.133	生殖窠	conceptacle	
05.134	生殖托	receptacle	在褐藻中,膨大分枝的末端部分。

06. 真 菌 学

序 码	汉 文 名	英 文 名	注 释
06.001	原质团	plasmodium	
06.002	粘孢囊	myxosporangium	
06.003	联囊体	plasmodiocarp	
06.004	复囊体	aethalium	
06.005	孢丝	capillitium	
06.006	[粘菌]孢囊被	peridium	
06.007	弹丝	elater	
06.008	杯状孢囊基	calyculus	
06.009	基质层	hypothallus	
06.010	生柄原	steliogen	
06.011	孢团果	sorocarp	
06.012	无柄孢团果	sorocyst	
06.013	孢团果柄	sorophore	
06.014	粘变形体	myxamoeba	
06.015	子粘变[形]体	meront	
06.016	游动细胞	swarm cell	
06.017	粘孢子	myxospore	
06.018	假孢子	pseudospore	
06.019	[粘菌]小囊胞	microcyst	又称"微包囊"。
06.020	[粘菌]大囊胞	macrocyst	
06.021	伪足	pseudopod[ium]	
06.022	准性生殖	parasexuality	

序 码	汉 文 名	英 文 名	注 释
06.023	原性生殖	protosexuality	
06.024	新性生殖	neosexuality	
06.025	完全阶段	perfect state	
06.026	不完全阶段	imperfect state	
06.027	全型	holomorph	
06.028	有性型	teleomorph	
06.029	无性型	anamorph	
06.030	共无性型	synanamorph	
06.031	无性全型	ana-holomorph	
06.032	复型[现象]	pleomorphism, pleomorphy	
06.033	菌体	thallus	
06.034	菌丝体	mycelium	
06.035	菌丝	hypha	
06.036	菌丝结	hyphal knot	
06.037	菌绳	hyphal cord	
06.038	菌丝束	hyphal strand	
06.039	菌索	rhizomorph	
06.040	固着器	holdfast	又称"粘着盘(adhesive disc)"。
06.041	附着器	appressorium	
06.042	附着枝	hyphopodium	
06.043	密丝组织	plectenchyma	
06.044	假薄壁组织	pseudoparenchyma, paraplectenchyma	
06.045	疏丝组织	pros[oplect]enchyma	
06.046	孢子果	sporocarp	又称"子实体"。
06.047	孢子梗	sporophore	
06.048	内生孢子	endospore	
06.049	外生孢子	ectospore	
06.050	芽孢	gemma, spore	厚垣孢子的一种。是从菌丝上长出的,而不是从专门产孢器官内产出的;是为了在不良环境下生存,而不是为了传播繁殖。
06.051	厚垣孢子	chlamydospore	
06.052	休眠孢子	resting spore, hypnospore	

序 码	汉 文 名	英 文 名	注 释
06.053	孢原质	sporoplasm	
06.054	[孢子]内壁	endosporium, endospore	
06.055	[孢子]附壁	episporium, epispore	
06.056	[孢子]外壁	exosporium, exospore	
06.057	[孢子]周壁	perisporium, perispore	
06.058	[孢子]表壁	ectosporium, ectospore	
06.059	[孢子]中壁	mesosporium, mesospore	
06.060	菌丝层	subiculum, subicle	
06.061	子座	stroma	
06.062	菌核	sclerotium	
06.063	菌核果	sclerocarp	
06.064	根丝体	rhizoplast	
06.065	核帽	nuclear cap	
06.066	孢尾体	rumposome	
06.067	γ 粒	γ-particle	
06.068	侧泡体	side body	
06.069	傍核体	archontosome	
06.070	贮菌器	mycangium, fungus pit	
06.071	蛀道真菌	ambrosia fungus	
06.072	蛀道真菌芽胞	ambrosia cell	
06.073	饲蚁丝	bromatium	
06.074	蚁菌球体	gongylidius	
06.075	蚁食菌泡	kohlrabi [caplet], kohlrabi head	
06.076	哈氏网	Hartig net	
06.077	丛枝吸胞	arbuscule	
06.078	卷枝吸胞	peloton	
06.079	菌根鞘	mycoclena	
06.080	逸质体	ptyosome	
06.081	整体产果式生殖	holocarpic reproduction	
06.082	分体产果式生殖	eucarpic reproduction	
06.083	孢子堆	sorus	
06.084	孢囊堆	sporangiosorus	
06.085	休眠孢子堆	cystosorus	
06.086	游动孢子囊	zoosporangium	又称"有丝分裂孢子囊 (mitosporangium)"。
06.087	厚垣孢子囊	resistant sporangium	又称"减数分裂孢

序 码	汉 文 名	英 文 名	注 释
			子囊(meiosporangium)".
06.088	休眠孢子囊	sporangiocyst, resting sporangium	
06.089	休眠孢囊梗	cystophore	
06.090	出管	exit tube	
06.091	孢囊孢子	sporangiospore	
06.092	卵质	ooplasm	
06.093	卵质体	ooplast	
06.094	[卵]周质	periplasm	
06.095	周质体	periplast	
06.096	卵球	oosphere	
06.097	受精突	receptive papilla, manocyst	
06.098	精原质	gonoplasm	
06.099	受精管	fertilization tube	
06.100	根状菌丝体	rhizomycelium	
06.101	陀螺状胞	turbinate cell, turbinate organ	
06.102	[原质]肿胞	plasmatoogosis	
06.103	小囊突	diverticule, diverticulum	
06.104	孢囊果	sporangiocarp	
06.105	小型孢子囊	sporangiole, sporangiolum	
06.106	柱孢子囊	merosporangium	
06.107	芽孢子囊	germ sporangium	
06.108	囊领	collar	
06.109	囊轴	columella	
06.110	孢囊梗	sporangiophore	
06.111	囊托	apophysis	
06.112	孢囊下泡	subsporangial swelling	
06.113	营养囊	trophocyst	
06.114	梳状孢梗	sporocladium	
06.115	柱囊孢子	merospore	
06.116	毛孢子	trichospore	
06.117	接合枝	zygophore	
06.118	接合孢子果	zygosporocarp	
06.119	原配子囊	progametangium	
06.120	配子囊	gametangium	
06.121	接合配子囊	zygamgium	

序码	汉文名	英文名	注释
06.122	配囊柄	suspensor	又称"接合孢子柄 (zygosporophore)"。
06.123	接合孢子囊	zygosporangium	
06.124	接合孢子	zygospore	
06.125	无性接合孢子	azygospore	
06.126	柄孢子	stylospore	又称"菌丝分生孢子 (myceloconidium)"。
06.127	匍匐丝	stolon	
06.128	虫菌体	hyphal body	
06.129	捕虫环	lasso mechanism	
06.130	中塞	median plug	
06.131	子囊果	ascoma, ascocarp	
06.132	原子囊果	procarp	
06.133	真子囊果	euthecium	
06.134	核菌果	pyrenocarp	
06.135	子囊壳	perithecium	
06.136	原囊壳	prothecium	
06.137	闭囊果	cleistocarp	
06.138	闭囊壳	cleistothecium	
06.139	盘[状子]囊果	discocarp	
06.140	子囊盘	apothecium	
06.141	线状子囊盘	lirella	
06.142	假子囊果	pseudothecium	
06.143	子囊座	ascostroma	
06.144	子囊腔	locule, loculus	
06.145	座囊腔	dothithecium	
06.146	假子囊壳	pseudoperithecium	
06.147	倒盾状囊壳	catathecium, catothecium	
06.148	盾状囊壳	thyriothecium	
06.149	拱盾状囊壳	pycnothecium	
06.150	扁口囊壳	lophiothecium	
06.151	囊盘状子囊座	discothecium	
06.152	缝裂囊壳	hysterothecium	
06.153	裸囊果	gymnocarp	
06.154	裸囊壳	gymnothecium	
06.155	孔口	ostiole, ostiolum	
06.156	缝裂孔口	rima	

序 码	汉 文 名	英 文 名	注 释
06.157	壳口组织	placodium	
06.158	盾盖	scutellum, placodium	
06.159	包顶组织	involucrellum	
06.160	壁层	tichus	
06.161	蒙克孔	Munk pore	曾用名"孟克孔"。
06.162	囊层被	epithecium	
06.163	假囊层被	pseudoepithecium	
06.164	子囊层	thecium	
06.165	囊层基	hypothecium	
06.166	囊层皮	epithecial cortex	
06.167	囊盘被	excipulum, exciple	
06.168	外囊盘被	ectal excipulum, parathecium	
06.169	髓囊盘被	medullary excipulum	
06.170	囊盘总层	lamina	
06.171	果心	centrum	
06.172	子囊	ascus	
06.173	子囊内壁	endoascus, endotunica	
06.174	子囊外壁	ectoascus, ectotunica	
06.175	囊盖	operculum	
06.176	内顶突	nassace, nasse, tholus	
06.177	子囊冠	ascus crown	
06.178	子囊塞	ascus plug	
06.179	裂环	diffractive ring	
06.180	子囊孢子	ascospore	
06.181	周壁孔	umbilicus	
06.182	子囊孢子内胞	endoascospore	
06.183	囊间组织	hamathecium	
06.184	囊间假薄壁组织	interascal pseudoparenchyma	
06.185	中丝	metaphysis	
06.186	侧丝	paraphysis	
06.187	类侧丝	paraphysoid, tinophysis	
06.188	假侧丝	pseudoparaphysis, cataphysis	
06.189	顶侧丝	apical paraphysis	
06.190	缘丝	periphysis	
06.191	类缘丝	periphysoid	
06.192	缘毛环	tenacle	
06.193	假侧丝状果心残	pseudoparaphyses-like centrum	

序码	汉文名	英文名	注释
	留丝	remnants	
06.194	雄枝	androphore	
06.195	雄分生孢子	androconidium	
06.196	产精体	spermatiophore	
06.197	精子座	spermidium	
06.198	精孢子	spermospore	
06.199	不动精子	spermatium	
06.200	多核雌器	gynophore	
06.201	产囊体	ascogone, ascogonium	
06.202	产侧丝体	paraphysogone, paraphysogonium	
06.203	营养胞	nutriocyte	
06.204	受精丝	trichogyne, receptive hypha	
06.205	产囊丝	ascogenous hypha	
06.206	产囊丝钩	crozier, hook	
06.207	圆顶细胞	dome cell, loop cell	
06.208	子囊果原	archicarp	
06.209	沃鲁宁菌丝	Woronin hypha	曾用名"伏鲁宁菌丝"。
06.210	受精体	receptive body	
06.211	子囊母细胞	ascus mother cell	
06.212	产囊枝	ascophore	
06.213	子囊质	ascoplasm	
06.214	顶胞质	acroplasm	
06.215	造孢剩质	epiplasm	
06.216	游离细胞形成	free cell formation	
06.217	无效雄器	trophogone, trophogonium	
06.218	支撑菌丝	stilt hypha	
06.219	中孔厚隔	isthmus	
06.220	沃鲁宁体	Woronin body	曾用名"伏鲁宁体"。
06.221	担子果	basidioma, basidiocarp	
06.222	包被	peridium	
06.223	膜皮	cutis, pellis, cuticula	
06.224	子实层体	hymenophore	
06.225	子实层	hymenium	
06.226	囊状体	cystidium	
06.227	小囊状体	cystidiole	

序码	汉文名	英文名	注释
06.228	层丝	hyphidium	
06.229	菌髓	trama	
06.230	子实层基	hymenopode, hymenopodium	
06.231	菌肉下层	hypophyll[um]	
06.232	担子	basidium	
06.233	幼担子	basidiole, basidiolum	
06.234	先担子	probasidium	
06.235	变态担子	metabasidium	
06.236	下担子	hypobasidium	
·06.237	上担子	epibasidium	
06.238	无隔担子	holobasidium	
06.239	纵锤担子	stichobasidium	
06.240	横锤担子	chiastobasidium	
06.241	有隔担子	phragmobasidium	
06.242	异担子	heterobasidium	
06.243	同担子	homobasidium	
06.244	原担子	protobasidium	
06.245	先菌丝	promycelium	
06.246	小梗	sterigma, trichidium	
06.247	原小梗	protosterigma	
06.248	梗尖	spicule, spiculum	
06.249	担孢子	basidiospore	
06.250	棘胞	acanthocyte	
06.251	冠囊体	stephanocyst	
06.252	筛丝	coscinoid	
06.253	胶囊体管	gl[o]eovessel	
06.254	初生菌丝体	primary mycelium	
06.255	次生菌丝体	secondary mycelium	
06.256	三生菌丝体	tertiary mycelium	
06.257	锁状联合	clamp connexion, clamp connection	
06.258	隔孔器	septal pore apparatus	
06.259	桶孔隔膜	dolipore septum, septal pore swelling	
06.260	桶孔覆垫	parenthesome, septal pore cap	
06.261	隔孔塞	septal pore plug	
06.262	管壁	dissepiment	

序　码	汉　文　名	英　文　名	注　　释
06.263	单主寄生[现象]	autoecism, ametoecism, mono-xeny	
06.264	转主寄生[现象]	heteroecism, metoecism, hetero-xeny	
06.265	全孢型	eu-form	
06.266	缺锈孢型	brachy-form	
06.267	缺夏孢型	opsis-form	
06.268	冬眠孢型	micro-form	
06.269	锈孢型	endo-form	
06.270	冬夏孢型	hemi-form	
06.271	无眠冬孢型	lepto-form	
06.272	单主全孢型	auteu-form	
06.273	转主全孢型	hetereu-form	
06.274	缺性孢种	cata-species	
06.275	性孢子器	spermagonium, spermagone, pycnium	
06.276	曲折菌丝	flexuous hypha	又称"性孢子受精丝"。
06.277	锈孢子器	aecium, aecidiosorus	又称"春孢子器"。
06.278	夏孢子堆	uredi[ni]um, uredosorus	
06.279	冬孢子堆	telium, teleutosorus	
06.280	冬孢堆护膜	corbicula	
06.281	性孢子	spermatium, pycniospore	
06.282	锈孢子	aeci[di]ospore, plasmogamospore	又称"春孢子"。
06.283	夏孢子	urediniospore, urediospore, uredospore	
06.284	冬孢子	teliospore, teleutospore, teleuto-sporodesma	
06.285	变态冬孢子	mesospore	
06.286	堆膜	false membrane	又称"假膜"。
06.287	黑粉菌孢子	smut spore, ustilospore, usto-spore	
06.288	[黑粉菌]小孢子	sporidium	
06.289	黑粉菌孢子球	smut ball, spore ball	
06.290	H 孢体	H body	
06.291	联络菌丝	binding hyphae, ligative hyphae	
06.292	生殖菌丝	generative hyphae	

序码	汉文名	英文名	注释
06.293	骨架菌丝	skeletal hyphae	
06.294	单系菌丝的	monomitic	
06.295	二系菌丝的	dimitic	
06.296	三系菌丝的	trimitic	
06.297	菌管	tub[ul]e	
06.298	菌盖	pileus	
06.299	菌肉	context, flesh	
06.300	菌褶	lamella, gill	
06.301	[伞菌]菌褶原	trabecula	
06.302	[菌]柄	stipe	
06.303	菌幕	veil, velum	
06.304	菌环	annulus, ring, hymenial veil	
06.305	丝膜	cortina	
06.306	边缘菌幕	marginal veil	
06.307	半包幕	partial veil, inner veil	又称"内菌幕"。
06.308	丝膜状菌幕	pellicular veil	
06.309	原菌幕	protoblem, primordial veil, primary universal veil	又称"初生外菌幕"。
06.310	外菌幕	universal veil, general veil, tele[o]blem	
06.311	菌托	volva	
06.312	子实体包被	utricle, utriculus	
06.313	孢托	receptacle, receptaculum	又称"子层托"。
06.314	产孢组织	gleba	
06.315	[腹菌]产孢组织基板	trabecula	
06.316	髓板	tramal plate	
06.317	菌裙	indusium	
06.318	[腹菌]中轴	columella	
06.319	表膜	epiphragm	
06.320	小包	peridiole, peridiolum	
06.321	小包薄膜	tunica	
06.322	小包袋	purse	
06.323	菌纤索	funiculus, funicle, funicular cord	
06.324	菌索基	hapteron	
06.325	中段	middle piece	

序 码	汉 文 名	英 文 名	注 释
06.326	分生孢子体	conidiome	
06.327	分生孢子器	pycnidium	
06.328	分生孢子盾	pycnothyrium	
06.329	分生孢子盘	acervulus	
06.330	粘分生孢子团	pionnotes	
06.331	分生孢子座	sporodochium	
06.332	束丝	synnema	
06.333	孢梗束	coremium	
06.334	分生孢子梗	conidiophore	
06.335	原孢子梗	protosporophore	
06.336	分生孢子器梗	pycnidiophore	
06.337	子囊分生孢子梗	ascoconidiophore	
06.338	丝状孢梗	anaphysis	
06.339	镰形能育丝	falx	
06.340	镰形能育丝柄	falciphore	
06.341	环痕梗	annellide, annellophore	
06.342	小柄	pedicel	
06.343	帚状枝	penicillus	
06.344	脚胞	foot cell	
06.345	梗基	metula	
06.346	瓶胞	ampulla	
06.347	瓶梗	phialide	
06.348	瓶梗托	phialophore	
06.349	梗颈	collulum	
06.350	分生孢子	conidium, conidiospore	
06.351	无隔孢子	amerospore	
06.352	单隔孢子	didymospore	又称"双胞孢子"。
06.353	多隔孢子	phragmospore	
06.354	砖格孢子	dictyospore	
06.355	线形孢子	scolecospore	
06.356	卷旋孢子	helicospore	
06.357	星状孢子	staurospore	
06.358	无色孢子	hyalospore	
06.359	暗色孢子	phaeospore, scotospore	
06.360	小分生孢子	conidiole	
06.361	半知分生孢子	deuteroconidium	
06.362	大[型]分生孢子	macroconidium	

序 码	汉文名	英 文 名	注 释
06.363	小[型]分生孢子	microconidium	
06.364	内分生孢子	endoconidium	
06.365	枝分生孢子	ramoconidium	
06.366	合轴孢子	sympodulospore, sympodioconi-dium	
06.367	子囊分生孢子	ascoconidium	
06.368	器孢子	pycnidiospore	
06.369	体裂孢子	thallospore	
06.370	芽生孢子	blastospore	
06.371	节孢子	arthrospore, fragmentation spore	
06.372	分生梗孢子	meristem spore	
06.373	瓶梗孢子	phialospore	
06.374	孔出分生孢子	tretoconidium, tretic conidium, poroconidium	
06.375	环痕孢子	annellospore	
06.376	断节孢子	merispore	
06.377	孢间连丝	disjunctor, connective	
06.378	孢檐	ledge	
06.379	掷出	abjection	
06.380	切落	abjunction	
06.381	脱落	abscission	
06.382	断落	fragmentation	又称"断裂"。
06.383	产孢细胞	conidiogenous cell	
06.384	分生孢子原	conidium initial	
06.385	合轴产孢细胞	sympodula	
06.386	芽殖[产孢]的	blastic	
06.387	体殖[产孢]的	thallic	
06.388	瓶梗[产孢]的	phialidic	
06.389	环痕[产孢]的	annellidic	
06.390	节生[产孢]的	arthric	
06.391	孔生[产孢]的	tretic, porogenous	
06.392	具痕的	cicatrized	
06.393	具之形轴的	rachiform	
06.394	齿舌状的	raduliform	
06.395	壳细胞	hülle cell	

07. 地衣学

序码	汉文名	英文名	注释
07.001	地衣	lichen	
07.002	大型地衣	macrolichen	
07.003	微型地衣	microlichen	
07.004	囊腔地衣	ascolocular lichen	
07.005	子囊地衣	ascolichen	
07.006	担子地衣	hymenolichen	
07.007	核地衣	pyrenolichen	
07.008	荒漠地衣	desert lichen	
07.009	甘露地衣	manna lichen	
07.010	胶质地衣	gleolichen	
07.011	壳状地衣	crustose lichen	
07.012	叶状地衣	foliose lichen	
07.013	枝状地衣	fruticose lichen	
07.014	石内地衣	endolithic lichen	
07.015	树皮内生地衣	endophloeodal lichen	
07.016	地衣区系	lichen flora	
07.017	地衣志	lichen flora	
07.018	地衣冻原	lichen tundra	
07.019	鹿蕊松林	pinetum cladinosum(拉)	曾用名"鹿石蕊松林"。
07.020	鹿蕊云杉林	picetum cladinosum(拉)	曾用名"鹿石蕊云杉林"。
07.021	石蕊冻原	cladonia tundra	
07.022	岛衣冻原	cetraria tundra	
07.023	地衣化的	lichenized, lichen-forming	又称"地衣型的"。
07.024	粗轴型	pachynae	
07.025	中轴型	mesinae	
07.026	细轴型	leptinae	
07.027	地衣体反应	thalline reaction	
07.028	壳状地衣体	crustaceous thallus	
07.029	叶状地衣体	foliaceous thallus	
07.030	枝状地衣体	fruticose thallus	
07.031	无定形皮层	amorphous cortex	
07.032	子实层藻	hymenial algae	

序　码	汉　文　名	英　文　名	注　释
07.033	同层地衣	homoeomerous lichen	
07.034	异层地衣	heteromerous lichen	
07.035	孢丝粉	maz[a]edium	
07.036	粉芽	soredium	
07.037	镶边粉芽堆	marginal soralia	
07.038	变态粉芽	phygoblastema	
07.039	裂芽	isidium	
07.040	裂叶体	phyllidium	
07.041	杯体	scyphus	
07.042	杯点	cyphella	
07.043	假杯点	pseudocyphella	
07.044	衣瘿	cephalodium	
07.045	囊状衣瘿	sacculate cephalodium	
07.046	内衣瘿	inner cephalodium	
07.047	前果壳	preparathecium	
07.048	体质盘壁	thalline exciple	又称"果托"。
07.049	固有盘壁	proper exciple	又称"果壳"。
07.050	固有盘缘	proper margin	又称"果壳缘部"。
07.051	唇形盘缘	labium	
07.052	星斑盘	ardella	
07.053	线盘型	lirellar type	
07.054	蜡盘型	biatorine type	
07.055	茶渍型	lecanorine type	
07.056	亚茶渍型	sublecanorine type	
07.057	双缘型	zeorine type	
07.058	网衣型	lecideine type	
07.059	地衣共生[性]	lichenism	
07.060	地衣化藻殖孢	lichenized hormocysts	又称"地衣型藻殖孢"。
07.061	藻堆	alga glomerules	
07.062	藻胞囊	periblastesis	又称"藻胞被"。
07.063	地衣藻胞	lichen-gonidia	
07.064	地衣淀粉	lichenan, lichenin	又称"地衣多糖"。
07.065	石耳素	pustulan	属于多糖类。
07.066	淀粉质环	amyloid ring	
07.067	黑茶渍素	atranorin[e]	
07.068	原岛衣酸	protocetraric acid	

序 码	汉 文 名	英 文 名	注 释
07.069	富马原岛衣酸	fumarprotocetraric acid	
07.070	松萝酸	usnic acid	
07.071	对极孢子	blasteniospore, bipolar spore	
07.072	体裂分生孢子	thalloconidium	
07.073	有节梗	athrosterigma	
07.074	共生光合生物	photobiont	
07.075	共生藻	phycobiont	
07.076	地衣共生菌	mycobiont	
07.077	地衣测量法	lichenometry	

08. 苔 藓 植 物 学

序 码	汉 文 名	英 文 名	注 释
08.001	苔藓植物	bryophyta	
08.002	藓类[植物]	moss	
08.003	苔类[植物]	liverwort	
08.004	具多数假根的	tomentose	
08.005	蔽前式的	incubous	
08.006	蔽后式的	succubous	
08.007	背翅	dorsal lamina	
08.008	背瓣	dorsal lobe, antical lobe	
08.009	腹瓣	ventral lobe, postical lobe	
08.010	胞芽	gemma	苔藓植物原植体上一种特化的多细胞片状的营养繁殖器官。
08.011	胞芽杯	gemma cup	
08.012	副体	stylus	
08.013	角齿	apical teeth	
08.014	中齿	middle teeth	
08.015	雌苞腹叶	bracteole	
08.016	雌苞叶	perichaetial bract, perichaetial leaf	
08.017	雄苞叶	perigonial bract	
08.018	生殖苞	inflorescence	
08.019	雌[器]苞	perichaetium	
08.020	孢蒴	capsule, theca	

序 码	汉 文 名	英 文 名	注 释
08.021	[蒴]周层	amphithecium	
08.022	[蒴]外层	exothecium	
08.023	[蒴]内层	endothecium	
08.024	蒴帽	calyptra	
08.025	蒴盖	lid, operculum	
08.026	喙	rostrum, beak	
08.027	蒴壶	urn	又称"蒴部"。
08.028	蒴台	apophysis, hypophysis	又称"蒴托"。
08.029	蒴齿	peristome, peristomal teeth	
08.030	前蒴齿	properistome	
08.031	外蒴齿	exo[peri]stome, exostomium	又称"外齿层"。
08.032	内蒴齿	endo[peri]stome, endostomium	又称"内齿层"。
08.033	孢原	archesporium	
08.034	蒴轴	columella	
08.035	假蒴轴	pseudocolumella	
08.036	闭蒴	cleistocarp	
08.037	蒴萼	perianth	
08.038	假蒴萼	pseudoperianth	
08.039	蒴苞	involucre	
08.040	原丝体	protonema	

09. 植物生理学

序 码	汉 文 名	英 文 名	注 释
09.001	作用光谱	action spectrum	
09.002	营养缺陷型	auxotroph	又称"专养型"。
09.003	光自养生物	photoautotroph	
09.004	光异养生物	photoheterotroph	
09.005	吸收	absorption	
09.006	生物测定	bioassay	
09.007	培养液	culture solution	
09.008	死点	death point	
09.009	人工气候室	phytotron	
09.010	生产力	productivity	
09.011	敏感性	susceptibility	
09.012	症状	symptom	

序 码	汉 文 名	英 文 名	注 释
09.013	热致死点	thermal death point, TDP	
09.014	过敏性	hypersensitivity	
09.015	诱导期	induction period, induction phase	
09.016	最适温度	optimum temperature	
09.017	光自动氧化	photoautoxidation	
09.018	光活化	photoactivation	
09.019	光活化反应	photoactive reaction	
09.020	光化学诱导	photochemical induction	
09.021	光复活	photoreactivation	
09.022	光还原	photoreduction	
09.023	光氧化	photoxidation	
09.024	生理障碍	physiological barrier	
09.025	真空渗入	vacuum infiltration	
09.026	渗入容量	infiltration capacity	
09.027	木质化[作用]	lignification	
09.028	脱木质化[作用]	delignification	
09.029	类囊体	thylakoid	
09.030	跨膜电势	transmembrane potential	
09.031	胞壁伸展性	wall extensibility	
09.032	光合作用	photosynthesis	
09.033	生氧光合作用	oxygenic photosynthesis	
09.034	不生氧光合作用	anoxygenic photosynthesis	
09.035	碳-3 光合作用	C_3 photosynthesis	
09.036	碳-4 光合作用	C_4 photosynthesis	
09.037	景天酸代谢	crassulacean acid metabolism, CAM	
09.038	净光合	net photosynthesis, apparent photosynthesis	
09.039	总光合	gross photosynthesis	
09.040	光合商	photosynthetic quotient	
09.041	光合单位	photosynthetic unit	
09.042	作用中心	reaction center	
09.043	集光叶绿素蛋白复合物	light harvesting chlorophyll-protein complex, LHCP	
09.044	限制因子律	law of limiting factor	
09.045	后效	after-effect	
09.046	光合产物	photosynthate, photosynthetic	

序 码	汉文名	英 文 名	注 释
		product	
09.047	光系统	photosystem	
09.048	量子效率	quantum efficiency	
09.049	量子需量	quantum requirement	
09.050	量子产额	quantum yield	
09.051	红降	red drop'	
09.052	光合有效辐射	photosynthetically active radiation, PAR	
09.053	同化[作用]	assimilation	
09.054	异化[作用]	dissimilation	
09.055	同化[产]物	assimilate	
09.056	同化商	assimilatory quotient , assimilatory coefficient	
09.057	同化力	assimilatory power	
09.058	布莱克曼反应	Blackman reaction	
09.059	希尔反应	Hill reaction	
09.060	碳同化	carbon assimilation	
09.061	二氧化碳固定	carbon dioxide fixation	
09.062	二氧化碳施肥	carbon dioxide fertilization	
09.063	光合碳代谢	photosynthetic carbon metabolism	
09.064	卡尔文循环	Calvin cycle, photosynthetic carbon reduction cycle	又称"光合碳还原环"。
09.065	化能合成	chemosynthesis	
09.066	辅助色素	accessory pigment	
09.067	天线色素	antenna pigment	
09.068	细菌叶绿素	bacteriochlorophyll	
09.069	叶绿素	chlorophyll	
09.070	载色体	chromatophore	
09.071	补偿点	compensation point	
09.072	埃默森增益效应	Emerson enhancement effect	曾用名"埃默生增益效应"。
09.073	光反应	light reaction	
09.074	暗反应	dark reaction	
09.075	光解	photolysis	
09.076	光合磷酸化	photophosphorylation	
09.077	循环光合磷酸化	cyclic photophosphorylation	

序 码	汉 文 名	英 文 名	注 释
09.078	非循环光合磷酸化	noncyclic photophosphorylation	
09.079	假循环光合磷酸化	pseudo-cyclic photophosphory-lation	
09.080	循环电子传递	cyclic electron flow, cyclic electron transport	
09.081	非循环电子传递	noncyclic electron flow, noncyclic electron transport	
09.082	Z 图式	Z-scheme	
09.083	克兰茨结构	Kranz structure	
09.084	叶面[积]指数	leaf area index	
09.085	需光量	light requirement	
09.086	光饱和点	light saturation point	
09.087	光补偿点	light compensation point	
09.088	二氧化碳补偿点	CO_2 compensation point	
09.089	光催化剂	photocatalyst	
09.090	呼吸[作用]	respiration	
09.091	呼吸速率	respiratory rate	
09.092	呼吸计	respirometer	
09.093	瓦尔堡呼吸计	Warburg respirometer	曾用名"瓦布尔格呼吸计"。
09.094	呼吸商	respiratory quotient, RQ	
09.095	需氧呼吸	aerobic respiration	
09.096	无氧呼吸	anaerobic respiration	
09.097	光呼吸	photorespiration	
09.098	暗呼吸	dark respiration	
09.099	盐呼吸	salt respiration	
09.100	抗氰呼吸	cyanide-resistant respiration	
09.101	生热呼吸	thermogenic respiration	
09.102	创伤呼吸	wound respiration	
09.103	内源呼吸	endogenous respiration	
09.104	无氧生活	anaerobiosis	
09.105	缺氧	anoxia	
09.106	呼吸跃变	climacteric	又称"呼吸[高]峰"。
09.107	电子传递	electron transport	
09.108	电子载体	electron carrier	
09.109	乙醛酸循环	glyoxylate cycle	

序 码	汉文名	英 文 名	注 释
09.110	代谢	metabolism	
09.111	中间代谢	intermediary metabolism	
09.112	分解代谢	catabolism, katabolism	
09.113	合成代谢	anabolism	
09.114	代谢调节	metabolic regulation	
09.115	代谢控制	metabolic control	
09.116	代谢库	metabolic pool	
09.117	代谢类型	metabolic type	
09.118	代谢物	metabolite	
09.119	次生代谢	secondary metabolism	
09.120	植物铁蛋白	phytoferritin	
09.121	戊糖磷酸途径	pentose phosphate pathway	又称"五碳糖磷酸途径"。
09.122	末端氧化酶	terminal oxidase	
09.123	末端电子受体	terminal electron acceptor	
09.124	解联剂	uncoupler	
09.125	抗蒸腾剂	antitranspirant	
09.126	表渗透空间	apparent osmotic space	
09.127	质壁分离	plasmolysis	
09.128	临界质壁分离	critical plasmolysis	
09.129	初始质壁分离	incipient plasmolysis	
09.130	质壁分离复原	deplasmolysis	
09.131	蒸腾[作用]	transpiration	
09.132	角质膜蒸腾	cuticular transpiration	
09.133	皮孔蒸腾	lenticular transpiration	
09.134	蒸发蒸腾[作用]	evapotranspiration	
09.135	吐水	guttation	
09.136	伤流	bleeding	
09.137	高渗溶液	hypertonic solution	
09.138	低渗溶液	hypotonic solution	
09.139	等渗溶液	isotonic solution	
09.140	吸涨[作用]	imbibition	
09.141	吸涨体	imbibant	
09.142	吸涨水	imbibition water	
09.143	萎蔫	wilting	
09.144	初萎	incipient wilting	
09.145	膨胀度	turgidity	

序 码	汉 文 名	英 文 名	注 释
09.146	膨胀	turgor, turgescence	
09.147	膨压	turgor pressure	
09.148	渗透[作用]	osmosis	
09.149	渗透计	osmometer	
09.150	渗透调节	osmoregulation	
09.151	渗透压	osmotic pressure	
09.152	渗透势	osmotic potential	
09.153	渗透浓度	osmotic concentration	
09.154	胞壁压	wall pressure	
09.155	压力势	pressure potential	
09.156	衬质势	matric potential	土壤学中称"基质势"。
09.157	吸水力	suction force, suction tension	
09.158	水势	water potential	
09.159	气孔计	porometer	
09.160	蒸腾计	po[te]tometer	
09.161	气孔阻力	stomatal resistance	
09.162	气孔导度	stomatal conductance	
09.163	气孔蒸腾	stomatal transpiration	
09.164	张力	tension	
09.165	束缚水	bound water	
09.166	抗张强度	tensile strength	
09.167	蒸腾系数	transpiration coefficient	
09.168	蒸腾流	transpiration stream, transpiration current	
09.169	蒸腾效率	transpiration efficiency	
09.170	蒸腾比	transpiration ratio	
09.171	蒸腾拉力	transpiration pull	
09.172	水分亏缺	water deficit	
09.173	需水量	water requirement	
09.174	永久萎蔫	permanent wilting	
09.175	暂时萎蔫	temporary wilting	
09.176	萎蔫剂	wilting agent	
09.177	萎蔫系数	wilting coefficient	
09.178	萎蔫点	wilting point	
09.179	阴离子交换	anion exchange	
09.180	主动吸收	active absorption, active uptake	

序 码	汉 文 名	英 文 名	注 释
09.181	被动吸收	passive absorption	
09.182	选择吸收	selective absorption	
09.183	主动转运	active transport	
09.184	阴离子呼吸	anion respiration	
09.185	拮抗作用	antagonism, antagonistic action	
09.186	拮抗物	antagonist	
09.187	协同作用	synergism	又称"增效作用"。
09.188	灰分	ash	
09.189	有效养分	available nutrient	
09.190	缺绿症	chlorosis	
09.191	缺素病	nutritional deficiency disease	
09.192	缺素症[状]	nutritional deficiency symptom	
09.193	缺素区	nutritional deficiency zone	
09.194	电渗	electro[end]osmosis	
09.195	生电泵	electrogenic pump	
09.196	内渗	endosmosis	
09.197	必需元素	essential element	
09.198	叶面施肥	foliage dressing, foliar fertilization	
09.199	叶诊断	foliar diagnosis	
09.200	霍格兰溶液	Hoagland solution	曾用名"赫克兰德溶液"。
09.201	不透性	impermeability	
09.202	不透性膜	impermeable membrane	
09.203	离子导体	ionophore	
09.204	克诺普溶液	Knop solution	曾用名"克诺普氏溶液"。
09.205	渗漏	leakage	
09.206	大量元素	macroelement, major element	
09.207	微量元素	microelement, minor element	
09.208	痕量元素	trace element	又称"超微量元素"。
09.209	矿质元素	mineral element	
09.210	矿质营养	mineral nutrition	
09.211	菌根营养	mycotrophy	
09.212	喜硝植物	nitrate plant	
09.213	氮循环	nitrogen cycle	
09.214	固氮作用	nitrogen fixation	

序 码	汉 文 名	英 文 名	注 释
09.215	固氮细菌	nitrogen-fixing bacteria	
09.216	固氮酶	nitrogenase	
09.217	共生固氮作用	symbiotic nitrogen fixation	
09.218	共生固氮生物	symbiotic nitrogen fixer	
09.219	非共生固氮作用	asymbiotic nitrogen fixation	
09.220	非共生固氮生物	asymbiotic nitrogen fixer	
09.221	平衡溶液	balanced solution	
09.222	自由空间	free space	
09.223	有益元素	beneficial element	
09.224	非必需元素	nonessential element	
09.225	养分缺乏	nutrient deficiency	
09.226	养分	nutrient	
09.227	养分循环	nutrient cycle	
09.228	营养液	nutrient solution	
09.229	透性	permeability	
09.230	透性系数	permeability coefficient	
09.231	透性膜	permeable membrane	
09.232	生理酸性	physiological acidity	
09.233	生理碱性	physiological alkalinity	
09.234	质子泵	proton pump	
09.235	根际	rhizosphere	
09.236	沙培	sand culture	
09.237	水培	hydroponics, water culture, solution culture	
09.238	选择透性	selective permeability, differential permeability	
09.239	半透膜	semipermeable membrane	
09.240	运输	translocation, transport	物质在植物维管束内移动的过程。
09.241	转运	transport	物质在植物细胞间或细胞内移动的过程。
09.242	怀特溶液	White solution	
09.243	向顶运输	acropetal translocation	
09.244	向基运输	basipetal translocation	
09.245	双向运输	bidirectional translocation	
09.246	溢泌	exudation	
09.247	溢泌物	exudate	

序 码	汉 文 名	英 文 名	注 释
09.248	环割	ring girdling	
09.249	装入[筛管]	loading	
09.250	卸出[筛管]	unloading	
09.251	集流	mass flow	
09.252	压流	pressure flow	
09.253	分配	partitioning	
09.254	根压	root pressure	
09.255	液压	sap pressure	
09.256	液流	sap flow	
09.257	源	source	
09.258	壑	sink	
09.259	共质体	symplast	
09.260	共质体运输	symplastic translocation	
09.261	质外体	apoplast	又称"离质体"。
09.262	质外体运输	apoplastic translocation	又称"离质体运输"。
09.263	脱落酸	abscisic acid	
09.264	老化	aging	
09.265	花药培养	anther culture	
09.266	抗生长素	antiauxin	
09.267	顶端优势	apical dominance	
09.268	人工催熟	artificial ripening	
09.269	自发单性结实	autonomic parthenocarpy	
09.270	生长素	auxin	
09.271	燕麦试法	Avena (拉) test	
09.272	燕麦单位	Avena (拉) unit	
09.273	生物节律	biological rhythm, biorhythm	
09.274	生物钟	biological clock	
09.275	束缚生长素	bound auxin	
09.276	碳氮比	C / N ratio	
09.277	[近]昼夜节律	circadian rhythm, day-night rhythm	
09.278	连续培养	continuous culture	
09.279	光周期现象	photoperiodism	
09.280	临界暗期	critical dark-period	
09.281	临界日长	critical day-length	
09.282	临界期	critical period	
09.283	细胞分裂素	cytokinin, kin[et]in	

序 码	汉文名	英 文 名	注 释
09.284	脱黄化	de-etiolation	
09.285	脱叶剂	defoliating agent	
09.286	脱叶	defoliation	
09.287	脱极化	depolarization	
09.288	发育畸形	developmental malformation	
09.289	发育期	developmental phase	
09.290	发育节律	developmental rhythm	
09.291	春化[作用]	vernalization	
09.292	脱春化	devernalization	
09.293	分化期	differentiation phase	
09.294	昼夜循环	diurnal cycle	
09.295	休眠期	dormancy stage	
09.296	矮化植物	dwarf plant	由遗传因素决定不能长高的植物。
09.297	矮生植物	dwarf plant	不是由遗传因素决定，而是由人为措施或特殊环境决定不能长高的植物。
09.298	内源节律	endogenous rhythm, endogenous timing	
09.299	内源周期性	endogenous periodicity	
09.300	黄化	etiolation	
09.301	外源节律	exogenous rhythm, exogenous timing	
09.302	成花诱导	floral induction	
09.303	成花刺激	floral stimulus	
09.304	成花素	florigen, flowering hormone	
09.305	赤霉素	gibberellin	
09.306	生长大周期	grand period of growth	
09.307	大生长期	grand phase of growth	
09.308	生长曲线	growth curve	
09.309	生长调节剂	growth regulator	
09.310	生长物质	growth substance	
09.311	生长周期性	growth periodicity	
09.312	生长节律	growth rhythm	
09.313	除草剂	herbicide, phytocide	
09.314	过度生长	hypertrophy, over-growth	

序 码	汉 文 名	英 文 名	注 释
09.315	叶片脱离	leaf abscission	
09.316	需光种子	light seed	
09.317	光敏感种子	light sensitive seed	
09.318	倒伏	lodging	
09.319	阶段发育	phasic development	
09.320	光诱导	photoinduction	
09.321	光照阶段	photostage, photophase	
09.322	植物光敏素	phytochrome	
09.323	植物激素	phytohormone	
09.324	采后生理	post-harvest physiology	
09.325	极性运输	polar translocation	
09.326	生长速率	growth rate	
09.327	节律	rhythm	
09.328	根冠比	root / shoot ratio	
09.329	性激素	sex hormone	
09.330	长日照	long day	
09.331	短日照	short day	
09.332	长日[照]植物	long day plant	
09.333	短日[照]植物	short day plant	
09.334	日[照]中性植物	day-neutral plant	曾用名"中间性植物"。对日照长度不敏感的植物。
09.335	成根素	rhizocaline	
09.336	温周期现象	thermoperiodism	
09.337	愈伤激素	wound hormone, traumatin	又称"创伤激素"。
09.338	试管培养	test-tube culture	
09.339	试管苗	test-tube plantlet	
09.340	春化素	vernalin	
09.341	需暗种子	dark seed	
09.342	膨胀运动	turgor movement	
09.343	回旋转头运动	circumnutation	
09.344	攀缘运动	climbing movement	
09.345	缠绕运动	twining movement	
09.346	感震运动	seismonastic movement	
09.347	生长运动	growth movement	
09.348	[水平]回转器	clinostat	
09.349	向性	tropism	

序 码	汉文名	英 文 名	注 释
09.350	趋性	taxis	
09.351	感性	nasty	
09.352	偏上性	epinasty	
09.353	激感性	excitability	
09.354	向地性	geotropism	
09.355	向重力性	gravitropism	
09.356	无向重力性	agravitropism	
09.357	感应性	irritability	
09.358	感夜运动	nyctinastic movement	
09.359	感受	perception	
09.360	向光性	phototropism	
09.361	响应	response	
09.362	刺激	stimulus	
09.363	阈值	threshold value	
09.364	胁迫	stress	
09.365	胁迫生理	stress physiology	
09.366	环境生理	environmental physiology	
09.367	霜冻	frost	
09.368	冷害	cold injury	寒害和冻害的总称。
09.369	寒害	chilling injury	
09.370	冻害	freezing injury	
09.371	抗性	resistance	
09.372	耐性	tolerance	
09.373	锻炼	hardiness	
09.374	解除锻炼	dehardening	

10. 植 物 化 学

序 码	汉文名	英 文 名	注 释
10.001	比较植物化学	comparative phytochemistry	
10.002	植物化感物质	plant allelochemicals	
10.003	化学宗	chemical race	
10.004	化学型	chemical type	
10.005	天然产物	natural product	
10.006	植物蜕皮甾体	phytoecdysteroid	
10.007	聚酮化合物	polyketide	

序 码	汉 文 名	英 文 名	注 释
10.008	多炔	polyacetylene	
10.009	鱼藤酮类化合物	rotenoid	
10.010	苦木素	quassin	
10.011	新苦木素	neoquassin	
10.012	拟除虫菊酯	pyrethroid	
10.013	生物碱	alkaloid	
10.014	苯基烷基胺类生物碱	phenylalkylamine alkaloid	
10.015	吡咯烷类生物碱	pyrrolidine alkaloid	
10.016	托烷类生物碱	tropane alkaloid	
10.017	双吡咯烷类生物碱	pyrrolizidine alkaloid	
10.018	吡啶类生物碱	pyridine alkaloid	
10.019	哌啶类生物碱	piperidine alkaloid	
10.020	喹嗪烷类生物碱	quinolizidine alkaloid	
10.021	四氢异喹啉类生物碱	tetrahydroisoquinoline alkaloid	
10.022	苄基异喹啉类生物碱	benzylisoquinoline alkaloid	
10.023	双苄基异喹啉类生物碱	bisbenzylisoquinoline alkaloid	
10.024	阿朴啡类生物碱	aporphine alkaloid	
10.025	吗啡烷类生物碱	morphinane alkaloid	
10.026	原小檗碱类生物碱	protoberberine alkaloid	
10.027	前托品类生物碱	protopine alkaloid	
10.028	吲哚基烷基胺类生物碱	indolylalkylamine alkaloid	
10.029	异喹啉类生物碱	isoquinoline alkaloid	
10.030	育亨宾类生物碱	yohimbine alkaloid	
10.031	辛可胺类生物碱	cinchonamine alkaloid	
10.032	羟吲哚类生物碱	oxindole alkaloid	
10.033	麦角类生物碱	ergot alkaloid	
10.034	简单喹啉类生物碱	simple quinoline alkaloid	
10.035	吖啶类生物碱	acridine alkaloid	
10.036	喹唑啉类生物碱	quinazoline alkaloid	

序 码	汉 文 名	英 文 名	注 释
10.037	咪唑类生物碱	imidazole alkaloid	
10.038	嘌呤类生物碱	purine alkaloid	
10.039	甾醇类生物碱	sterol alkaloid	
10.040	甾体类生物碱	steroid alkaloid	
10.041	萜类生物碱	terpenoid alkaloid	
10.042	大环类生物碱	macrocyclic alkaloid	
10.043	环肽类生物碱	cyclopeptide alkaloid	
10.044	娃儿藤类生物碱	tylophorine alkaloid	
10.045	吐根属生物碱	ipecacuanha alkaloid	
10.046	粗榧属生物碱	cephalotaxus alkaloid	
10.047	卫矛科生物碱	celastraceae alkaloid	
10.048	石蒜科生物碱	amaryllidaceae alkaloid	
10.049	麻黄属生物碱	ephedra alkaloid	
10.050	千里光属生物碱	senecio alkaloid	
10.051	娃儿藤属生物碱	tylophora alkaloid	
10.052	烟草属生物碱	nicotiana alkaloid	
10.053	长春花属生物碱	catharanthus alkaloid	
10.054	刺桐属生物碱	erythrina alkaloid	
10.055	百部属生物碱	stemona alkaloid	
10.056	九里香属生物碱	murraya alkaloid	
10.057	贝母属生物碱	fritillaria alkaloid	
10.058	乌头属生物碱	aconitum alkaloid	
10.059	金鸡纳属生物碱	cinchona alkaloid	
10.060	脂族胺类生物碱	aliphatic amine alkaloid	
10.061	双吲哚类生物碱	bisindole alkaloid	
10.062	喹啉类生物碱	quinoline alkaloid	
10.063	萜类化合物	terpenoid	
10.064	萜	terpene	
10.065	异戊二烯	isoprene	
10.066	异戊二烯法则	isoprene rule	
10.067	半萜	hemiterpene	
10.068	单萜	monoterpene	
10.069	双萜	diterpene	又称"二萜"。
10.070	三萜	triterpene	
10.071	多萜	polyterpene	
10.072	环烯醚萜类化合物	iridoid	

序 码	汉文名	英 文 名	注 释
10.073	裂环烯醚萜类化合物	secoiridoid	
10.074	环烯醚萜苷	iridoid glycoside	又称"环烯醚萜甙"。
10.075	裂环烯醚萜苷	secoiridoid glycoside	又称"裂环烯醚萜甙"。
10.076	柠檬苦素类化合物	limonoid	
10.077	苦味素	bitter principle	
10.078	麝子油醇	farnesol	曾用名"法呢醇"。
10.079	角鲨烯	squalene	
10.080	甲羟戊酸	mevalonic acid	
10.081	精油	essential oil	
10.082	芳香化合物	aromatic compound	
10.083	挥发油	volatile oil	
10.084	樟脑	camphor	
10.085	薄荷脑	mentha-camphor	
10.086	树脂	resin	
10.087	羊毛甾醇型	lanosterol type	
10.088	达玛烷型	dammarane type	
10.089	原萜烷型	protostane type	
10.090	羽扇豆醇型	lupeol type	
10.091	羊齿烷型	fernane type	
10.092	异羊齿烷型	isofernane type	
10.093	何帕烷型	hopane type	
10.094	异何帕烷型	isohopane type	
10.095	蒎烷衍生物	pinane derivative	
10.096	莰烷衍生物	camphane derivative	
10.097	异莰烷衍生物	isocamphane derivative	
10.098	葑烷衍生物	fenchane derivative	
10.099	胡萝卜素	carotene	
10.100	多烯色素	polyene pigment	
10.101	多烯烃	polyene hydrocarbon	
10.102	多烯醇	polyene alcohol	
10.103	多烯酮	polyene ketone	
10.104	多烯烃环氧化物	polyene hydrocarbon epoxide	
10.105	鞣质	tannin	又称"单宁"。
10.106	鞣酸	tannic acid	

序 码	汉 文 名	英 文 名	注 释
10.107	鞣酶	tannase	
10.108	鞣红	tannin red, phlobaphene	
10.109	水解鞣质	hydrolyzable tannin	
10.110	缩合鞣质	condensed tannin	
10.111	儿茶素	catechin	
10.112	花色素	anthocyanidin	
10.113	原花色素	proanthocyanidin	又称"原花色甙元"。
10.114	花色素苷	anthocyanin	又称"花色素甙"。
10.115	无色花色苷	leucoanthocyanin	又称"白花色甙"。
10.116	无色花色素	leucoanthocyanidin	又称"白花色甙元"。
10.117	黄烷	flavane	
10.118	黄酮类化合物	flavonoid	
10.119	新黄酮类化合物	neoflavonoid	
10.120	黄酮	flavone	
10.121	异黄酮	isoflavone	
10.122	黄酮醇	flavonol	
10.123	𠮶酮	xanthone	
10.124	查耳酮	chalcone	
10.125	双氢查耳酮	dihydrochalcone	
10.126	橙酮	aurone	曾用名"噢哢"。
10.127	鱼藤酮	rotenone	
10.128	色[原]酮	chromone	
10.129	多酚	polyphenol	
10.130	木质素	lignin	
10.131	[糖]苷	glycoside	又称"[糖]甙"。
10.132	糖苷配基	aglycon[e]	又称"甙元"。
10.133	初级苷	primary glycoside	又称"初级甙"。
10.134	次级苷	secondary glycoside	又称"次级甙"。
10.135	含氰苷	cyanogentic glycoside	又称"含氰甙"。
10.136	芥子油	mustard oil	
10.137	强心苷	cardenolide, cardiac glycoside	又称"强心甙"。
10.138	强心苷配基	cardiac aglycone	又称"强心甙元"。
10.139	毛地黄类强心苷	digitalis cardiac glycoside	又称"毛地黄类强心甙"。
10.140	毒毛旋花子类强心苷	strophanthus cardiac glycoside	又称"毒毛旋花子类强心甙"。
10.141	铃兰类强心苷	convallaria cardiac glycoside	又称"铃兰类强心

序 码	汉 文 名	英 文 名	注 释
			甙"。
10.142	黄花夹竹桃类强心苷	thevetia cardiac glycoside	又称"黄花夹竹桃类强心甙"。
10.143	皂苷	saponin	又称"皂甙"。
10.144	皂苷配基	sapogenin	又称"皂甙元"。
10.145	三萜皂苷配基	triterpene sapogenin	又称"三萜皂甙元"
10.146	薯蓣皂苷配基	diosgenin	又称"薯蓣皂甙元"
10.147	蛇菊苷	stevioside	又称"蛇菊甙",曾用名"卡哈苡苷"。
10.148	水扬苷	salicin	又称"水扬甙"。
10.149	柴胡皂苷	saikoside	又称"柴胡皂甙"。
10.150	甘草皂苷	glycyrrhizin	又称"甘草皂甙"。
10.151	茶叶皂苷	tea saponin	又称"茶叶皂甙"。
10.152	积雪草皂苷	asiaticoside	又称"积雪草皂甙"。
10.153	桔梗皂苷	platycodin	又称"桔梗皂甙"。
10.154	芸香苷	rutin, rutoside	又称"芦丁","芸香甙"。
10.155	前皂苷配基	prosapogenin	又称"次皂甙元"。
10.156	人参皂苷配基	ginsengenin	又称"人参皂甙元"。
10.157	毛地黄皂苷	digitonin	又称"毛地黄皂甙"。
10.158	人参皂苷	ginsenoside	又称"人参皂甙"。
10.159	人参二醇	panoxadiol	
10.160	人参三醇	panoxatriol	
10.161	原人参二醇	protopanoxadiol	
10.162	木脂体	lignan, lignanoid	
10.163	单环氧型木脂体	monoepoxy lignan	
10.164	双环氧型木脂体	bisepoxy lignan	
10.165	木脂内酯	lignanolide	
10.166	环木脂体	cyclolignan	
10.167	环木脂内酯	cyclolignolide	
10.168	新木脂体	neolignan	
10.169	香豆素	coumarin	
10.170	菊粉	inulin	

11. 植物生态学

序码	汉文名	英文名	注释
11.001	农业生态学	agroecology	
11.002	环境植物学	environmental botany	
11.003	植物个体生态学	plant autoecology	
11.004	植物种群生态学	plant population ecology	
11.005	植物群落生态学	plant synecology	
11.006	植物群落学	phytocoenology, phytocoenostics	又称"地植物学(geobotany)", "植物社会学(phytosociology)"。
11.007	群落动态学	syndynamics	
11.008	群落地理学	syngeography	
11.009	生态系统生态学	ecosystem ecology	
11.010	植物遗传生态学	plant genecology	
11.011	植物数量生态学	plant quantitive ecology	
11.012	重建生态学	restoration ecology	
11.013	植物生理生态学	plant physioecology, physiological plant ecology	
11.014	植物化学生态学	phytochemical ecology	
11.015	生态生物化学	ecological biochemistry	
11.016	草地生态学	grassland ecology	
11.017	花生态学	anthecology	
11.018	城市生态学	urban ecology	
11.019	景观生态学	landscape ecology	
11.020	实验植物群落学	experimental plant ecology, experimental geobotany	又称"实验地植物学"。
11.021	植物群落	phytocoenosis, plant community	
11.022	生物群落	biocoenosis, biocommunity	
11.023	生物地理群落	biogeocoenosis	简称"生地群落"。
11.024	小群落	microcoenosis, microcommunity	
11.025	接触群落	contact community	
11.026	单优种群落	monodominant community	
11.027	多优种群落	polydominant community	
11.028	先锋群落	initial community, prodophytium, pioneer community	
11.029	成熟群落	mature community	

序 码	汉 文 名	英 文 名	注 释
11.030	生物群系	biome	
11.031	地带生物群系	zonobiome	
11.032	山地生物群系	orobiome	
11.033	土壤生物群系	pedobiome	
11.034	群落复合体	community complex	
11.035	生物地理群落复合体	biogeocoenosis complex	简称"生地群落复合体"。
11.036	群落地段	stand	又称"林分"。
11.037	群落镶嵌	community mosaic	又称"镶嵌植被(mosaic vegetation)"。
11.038	群落动态	community dynamics	
11.039	样地	[sample] plot	又称"标准地"。
11.040	样方	quadrat	
11.041	记名样方	list quadrat	
11.042	图解样方	chart quadrat	
11.043	剪除样方	clip quadrat	
11.044	芟除样方	denuded quadrat	又称"除光样方"。
11.045	基面积样方	basal-area quadrat	
11.046	永久样方	permanent quadrat	
11.047	样圆	circle sample	
11.048	样点	sampling point	
11.049	样条	belt transect	又称"样带"。
11.050	剖面样条	bisect, layer transect	
11.051	样点截取法	point-intercept method	
11.052	最近[毗]邻法	nearest neighbor method	
11.053	随机对法	random pairs method	
11.054	点四分法	point-centered quarter method	
11.055	距离法	distance method	
11.056	最小样方面积	minimum quadrat area	
11.057	种-面积曲线	species-area curve	
11.058	样线[截取]法	line intercept method	
11.059	相似系数	coefficient of similarity	
11.060	特征种	character[istic] species	
11.061	偶见种	casual species, incidental species, occasional species	
11.062	随遇种	indifferent species	
11.063	适宜种	preferential species	

序码	汉文名	英文名	注释
11.064	偏宜种	selective species	
11.065	确限种	exclusive species	
11.066	鉴别种	diagnostic species	
11.067	区别种	differential species	
11.068	边缘种	edge species	
11.069	建群种	edificato	
11.070	优势种	dominant species	
11.071	共建种	co-edificato	
11.072	共优种	co-dominant species	
11.073	先锋种	pioneer species, exploiting species	
11.074	伴生种	companions, accompanying species	
11.075	辅助种	auxiliary species	
11.076	恒有种	constant species	
11.077	从属种	subordinate species	
11.078	土著种	indigenous species, native species	又称"乡土种","本地种"。
11.079	等值种	equivalent species	又称"等价种"。
11.080	频度	frequency	
11.081	密度	density	
11.082	盖度	coverage	
11.083	多度	abundance	
11.084	疏密度	degree of closing	林木对其林地面积的利用程度。
11.085	存在度	presence	
11.086	恒有度	constancy	
11.087	群集度	sociability	
11.088	郁闭度	shade density, canopy density	森林中乔木树冠彼此相接,遮蔽地面的程度。
11.089	优势度	dominance	
11.090	种饱和度	species saturation	
11.091	立木度	stocking	
11.092	重要值	importance value	
11.093	结合指数	association index	
11.094	均匀度指数	evenness index	
11.095	多样性	diversity	

序 码	汉文名	英 文 名	注 释
11.096	生物多样性	biodiversity	
11.097	多样性指数	diversity index, richness index	又称"丰富度指数"。
11.098	优势度指数	dominance index	
11.099	种群	population	
11.100	种群动态	population dynamics	
11.101	种群结构	population structure	
11.102	种群增长	population growth	
11.103	地方种群	local population	
11.104	种间竞争	interspecific competition	
11.105	种内竞争	intraspecific competition	
11.106	竞争排斥原理	competitive exclusion principle	
11.107	自然稀疏	natural thinning, self-thinning	
11.108	化感作用	allelopathy	
11.109	群聚	aggregation	
11.110	集聚	assemblage	
11.111	外貌	physiognomy	
11.112	成层现象	stratification	
11.113	层	stratum, story	
11.114	层片	synusium	
11.115	下木	understory	
11.116	凋落物	litter	又称"枯枝落叶"。
11.117	林木结构图解	phytograph	
11.118	树冠投影图	crown projection diagram	
11.119	[生态]种组	[ecological] species group	
11.120	特征种组合	characteristic species combination	
11.121	生态差型	ecocline	
11.122	生态型	ecotype, ecological type	
11.123	生态型分化	ecotypic differentiation	
11.124	生物生态型	biotic ecotype	
11.125	地理生态型	geoecotype	
11.126	沼泽生态型	swamp ecotype	
11.127	作物生态型	agroecotype	
11.128	生长型	growth form, ecobiomorphism	又称"生态生物型"。
11.129	生态幅	ecological amplitude	
11.130	生态梯度	ecological gradient	
11.131	生态系列	ecological series	

序 码	汉 文 名	英 文 名	注 释
11.132	样地记录[表]	relevé	
11.133	寿命表	life table	
11.134	广幅种	eurytopic species, generalist species	
11.135	窄幅种	stenotopic species	
11.136	广域种	eurychoric species	
11.137	窄域种	stenochoric species	
11.138	物候[生态]谱	phenoecological spectrum	
11.139	物候现象	phenological phenomenon	
11.140	季相	seasonal aspect	
11.141	茎花现象	cauliflory, trunciflory	
11.142	群落地段结构	stand structure	又称"林分结构"。
11.143	茎流	stem flow	
11.144	叶镶嵌	leaf mosaic	
11.145	牧场	pasture	
11.146	生物带	life zone	又称"生命带"。
11.147	顶极[群落]	climax	
11.148	顶极格局假说	climax-pattern hypothesis	
11.149	演替阶段	stage of succession	
11.150	单[元]顶极	monoclimax	
11.151	多[元]顶极	polyclimax	
11.152	气候顶极	climatic climax	
11.153	火烧顶极	fire climax, pyric climax	
11.154	地形-土壤顶极	topo-edaphic climax	
11.155	歧顶极	disclimax, plagioclimax	又称"偏途顶极"。
11.156	动物顶极	zootic climax	
11.157	亚顶极	subclimax	
11.158	定居	ecize, [o]ecesis	
11.159	演替系列	sere, chronosequence	
11.160	演替系列变型	sere variant	
11.161	气候演替系列	clisere	
11.162	原生演替系列	prisere, primary sere	
11.163	次生演替系列	subsere, secondary sere	
11.164	水生演替系列	hydrosere, hydroarch sere	
11.165	中生演替系列	mesosere, mesarch sere	
11.166	旱生演替系列	xerosere, xerarch sere	
11.167	演替	succession	

序码	汉文名	英文名	注释
11.168	自然演替	natural succession	
11.169	原生演替	primary succession	
11.170	次生演替	secondary succession	
11.171	内因演替	endogenetic succession	
11.172	外因演替	exogenetic succession	
11.173	自发演替	autogenic succession	
11.174	异发演替	allogenic succession	
11.175	进展演替	progressive succession	
11.176	退化演替	re[tro]gressive succession	
11.177	群落发生演替	syngenetic succession, succession of syngenesis	
11.178	土壤发生演替	edaphogenic succession	
11.179	沙丘演替	dune succession	
11.180	岩屑堆演替	talus succession	
11.181	放牧演替	grazing succession	
11.182	演替图式	successional pattern	
11.183	小生境	microhabitat, microenvironment	又称"小环境"。
11.184	生境	habitat, ecotope	又称"生态环境"。
11.185	生境梯度	habitat gradient	
11.186	群落生境	biotope	
11.187	生物气候	bioclimate, microclimate	
11.188	生物因子	biotic factor	
11.189	非生物因子	abiotic factor	
11.190	生物气候图	bioclimatograph	
11.191	生态因子	ecological factor	
11.192	生物圈	biosphere, ecosphere	又称"生态圈"。
11.193	植物圈	phytosphere, vegetation circle	又称"植被圈"。
11.194	叶圈	phyllosphere	
11.195	指示植物	indicator plant	
11.196	环境指示者	environmental indicator	
11.197	钙土植物	calciphyte	
11.198	嫌钙植物	calciphobe	
11.199	嫌盐植物	halophobe, glycophyte	又称"淡土植物"。
11.200	酸土植物	oxylophyte, oxyphile	
11.201	嫌酸植物	oxyphobe	
11.202	雨水植物	ombrophyte	
11.203	嫌雨植物	ombrophobe	

序码	汉文名	英文名	注释
11.204	变水植物	poikilohydric plant	
11.205	恒水植物	homeohydric plant	
11.206	高山寒土植物	psychrophyte	简称"高寒植物"。
11.207	肉茎植物	chylocaula	
11.208	肉叶植物	chylophylla	
11.209	耐阴植物	shade–enduring plant	
11.210	漂浮植物	fluitante	
11.211	静水生物	stagnophile	
11.212	流水植物	rheophyte	
11.213	水底植物	benthophyte, submerged plant	又称"沉水植物"。
11.214	低温植物	microtherm	
11.215	中温植物	mesotherm	
11.216	高温植物	megatherm	
11.217	石隙植物	crevice plant, chasmo[chomo]– phyte	
11.218	敏感植物	sensitive plant	
11.219	诱杀性植物	trap plant	
11.220	耐火植物	pyrophyte	
11.221	伴人植物	androphile, synarthropic plant	
11.222	富养植物	eutrophic plant, eutrophyte	又称"肥土植物"。
11.223	贫养植物	oligotrophic plant	又称"瘠土植物"。
11.224	高山植物	alpine plant, acrophyte	
11.225	杂草植物	ruderal plant	
11.226	竞争植物	competitive plant	
11.227	耐拥挤植物	stress–tolerant plant	
11.228	生活型	life–form	
11.229	生活型谱	life–form spectrum	
11.230	叶级	leaf–size class	
11.231	类短命植物	ephemeroid	
11.232	高位芽植物	phaenerophyte	
11.233	地上芽植物	chamaephyte	
11.234	地面芽植物	hemicryptophyte	
11.235	隐芽植物	cryptophyte	
11.236	地下芽植物	geo[crypto]phyte	
11.237	水下芽植物	hydrocryptophyte	
11.238	叶状体一年生植物	thallotherophyte	

序 码	汉 文 名	英 文 名	注 释
11.239	莲座状植物	rosette plant	
11.240	[座]垫状植物	cushion plant	
11.241	叶附生植物	epiphyll[ae]	
11.242	绞杀植物	strangler	又称"毁坏植物"。
11.243	丛生禾草	bunch grass	
11.244	生态系统	ecosystem, ecological system	
11.245	生态位	niche	
11.246	生态位宽度	niche breadth, niche width	
11.247	生态位重叠	niche overlap	
11.248	食物链	food chain	
11.249	食物网	food web	
11.250	生物量	biomass	
11.251	植物量	phytomass	
11.252	净生产量	net production	
11.253	第一性生产量	primary production	
11.254	第一性生产力	primary productivity	
11.255	现存量	standing crop	
11.256	生态金字塔	ecological pyramid	
11.257	自然保护区	nature reserve	
11.258	可再生资源	renewable resources	又称"可更新资源"。
11.259	植被	vegetation	
11.260	植被型	vegetation type	
11.261	植被[地]带	vegetation zone	
11.262	植被格局	vegetation pattern	
11.263	[植被]连续体	[vegetation] continuum	
11.264	植被图	vegetation map	
11.265	植被地带性	zonation of vegetation	
11.266	植被水平[地]带	horizontal vegetation zone	
11.267	植被垂直[地]带	altitudinal vegetation zone, vertical vegetation zone	
11.268	自然植被	natural vegetation	
11.269	潜在自然植被	potential natural vegetation	
11.270	半自然植被	seminatural vegetation	
11.271	栽培植被	cultivated vegetation	
11.272	地带内植被	intrazonal vegetation	
11.273	地带外植被	extrazonal vegetation	又称"超地带植被"。
11.274	节	nodum	植被抽象单位。

序 码	汉 文 名	英 文 名	注 释
11.275	生态过渡带	[o]ecotone	又称"群落交错区"。
11.276	植被制图	vegetation mapping	又称"地植物学制图(geobotanical mapping)"。
11.277	植被区划	vegetation regionalization	又称"地植物学区划(geobotanical regionalization)"。
11.278	植被分类	vegetation classification	又称"群落分类(community classi-fication)"。
11.279	群丛	association	
11.280	基群丛	sociation	
11.281	演替群丛	associes	
11.282	群丛变型	variant	
11.283	群系	formation	
11.284	群系组	formation-group	
11.285	群系纲	formation-class	
11.286	群系型	formation-type	
11.287	群落分类单位	syntaxon	
11.288	群相	faciation	
11.289	群属	alliance	
11.290	森林	forest, sylva	
11.291	草原	steppe	
11.292	草甸	meadow	
11.293	草地	grassland	
11.294	荒漠	desert	
11.295	沼泽	mire	
11.296	木本沼泽	swamp	
11.297	碱沼	fen	
11.298	酸沼	bog	
11.299	草本沼泽	marsh	
11.300	湿地	wet land	
11.301	冻原	tundra	
11.302	雨林	rain forest, hygrodrymium	
11.303	落叶阔叶林	deciduous broad-leaved forest, summer green forest	又称"夏绿林"。
11.304	常绿阔叶林	evergreen broad-leaved forest,	又称"照叶林"。

序 码	汉 文 名	英 文 名	注 释
		laurel forest, laurisilvae	
11.305	季[风]雨林	monsoon forest	
11.306	硬叶林	sclerophyllous forest, durisilvae	
11.307	针叶林	needle-leaved forest, coniferous forest	
11.308	[温带]高山矮曲林	krummholz	
11.309	[热带]高山矮曲林	elfin forest	
11.310	红树林	mangrove forest, halodrymium	
11.311	泰加林	taiga, boreal coniferous forest	又称"北方针叶林"。
11.312	山地苔藓林	montane mossy forest	
11.313	疏林	woodland	
11.314	多刺疏林	thorn woodland	
11.315	竹林	bamboo forest	
11.316	灌丛	scrub	
11.317	疏灌丛	shrubland	
11.318	密灌丛	thicket	
11.319	高山[流石滩]稀疏植被	alpine talus vegetation	
11.320	高山垫状植被	alpine cushion-like vegetation	
11.321	北美草原	prairie	又称"普雷里群落"。
11.322	阿根廷草原	pampas	又称"潘帕斯群落"。
11.323	巴西草原	campo	又称"坎普群落"。
11.324	委内瑞拉草原	llano	又称"亚诺群落"。
11.325	秘鲁草原	loma	又称"洛马群落"。
11.326	稀树草原	savanna	又称"萨瓦纳群落"。
11.327	费尔德群落	veld[t]	
11.328	加里格群落	garigue	
11.329	马基斯群落	maquis	又称"马基亚群落(macchia)"。
11.330	查帕拉尔群落	chaparral	
11.331	帕拉莫群落	paramo	
11.332	普纳群落	puna	
11.333	卡廷加群落	caatinga	

12. 植物地理学

序码	汉文名	英文名	注释
12.001	生物地理学	biogeography	
12.002	植物生态地理学	plant ecological geography	
12.003	植物分布学	phytochorology, plant chorology	
12.004	分布区地理学	areographic geography	
12.005	植物区系学	florology, floristics	
12.006	植物区系地理学	floristic geography	
12.007	历史植物地理学	historical plant geography	
12.008	稀有植物	rare plant, unusual plant	又称"珍稀植物"。
12.009	濒危植物	threatened plant	
12.010	引种植物	introduced plant	
12.011	迁移植物	migrant plant, migratory plant	
12.012	风布植物	anemochore, anemosporae	
12.013	水布植物	hydrochore, hydrosporae	
12.014	虫布植物	entomochore, entomosporae	
12.015	人布植物	androchore	
12.016	北极植物	arctic plant	
12.017	孑遗种	relic[t] species, epibiotic species	又称"残遗种"。
12.018	特有种	endemic species	
12.019	原始种	original species	
12.020	原生种	initial species	
12.021	外来种	exotic species	
12.022	替代种	vicarious species, substitute species	
12.023	侵入种	invading species	
12.024	隔离种	isolated species, insular species	
12.025	大陆种	continental species	
12.026	野生种	wild species	
12.027	世界种	cosmopolitan [species], cosmopolite species	又称"广布种"。
12.028	生理小种	physiological strain	
12.029	地理小种	geographical strain	
12.030	地理变种	geographical variety	
12.031	栽培变种	cultivated variety	

序码	汉文名	英文名	注释
12.032	栽培类型	cultivated form	
12.033	世界属	cosmopolitan genus	又称"广布属"。
12.034	北极界	arctic realm	
12.035	南极界	antarctic realm	
12.036	大陆块	continental block	
12.037	大陆架	continental shelf	
12.038	大陆边缘	continental margin	
12.039	陆桥	[continental] bridge	
12.040	泛大陆	Pangaea	
12.041	白令桥	Bering bridge	
12.042	间断分布	disjunction , discontinuous distribution	
12.043	间断分布带	discontinuous zone	
12.044	世界分布	cosmopolitan distribution	
12.045	泛热带分布	pantropical distribution	
12.046	泛北极间断分布	holarctic disjunction	
12.047	泛南极间断分布	holantarctic disjunction	
12.048	古热带间断分布	paleotropical disjunction	
12.049	洲际间断分布	intercontinental disjunction	
12.050	环极间断分布	circumpolar disjunction	
12.051	岛状间断分布	island disjunction	
12.052	狐猴式洲际间断分布	lemurian intercontinental disjunction	
12.053	华莱士线	Wallace's line	
12.054	分布区	areal	
12.055	分布区型	areal type	
12.056	古分布区	paleoareal	
12.057	连续分布区	continuous areal	
12.058	间断分布区	areal disjunction, discontinuous areal	又称"不连续分布区"。
12.059	带状分布区	belt areal	
12.060	原始分布区	initial areal, initial region	
12.061	隔离	isolation	
12.062	地理隔离	geographical isolation	
12.063	空间隔离	spatial isolation	
12.064	季节隔离	seasonal isolation	
12.065	遗传隔离	genetic isolation	

序码	汉文名	英文名	注释
12.066	迁移	migration, movement	
12.067	直线迁移	linear migration	
12.068	放射型迁移	radial migration	又称"辐射型迁移"。
12.069	大陆位移	continental displacement	
12.070	迁移圈	migratory circle	
12.071	植物区系	flora	某一地区所有植物种类的总和。是组成各种植被类型的基础，也是研究自然历史特征和变迁的依据之一。
12.072	劳亚植物区系	Laurasia flora	
12.073	图尔盖植物区系	Turgayan flora	又称"温带植物区系"。
12.074	高山植物区系	alpine flora	
12.075	北极高山植物区系	Arctic alpine flora, Arctalpine flora	
12.076	北极第三纪植物区系	Arcto-Tertiary flora	
12.077	北极第三纪森林	Arcto-Tertiary forest	
12.078	植物志	flora	某一地区(或国家)所有植物种类的记载。
12.079	地方植物志	local flora	
12.080	国家植物志	national flora	
12.081	单元发生[论]	monophylesis, monogenesis	
12.082	多元发生[论]	polyphylesis, polygenesis	
12.083	单境起源	monotopic origin	
12.084	多境起源	polytopic origin	
12.085	陆桥学说	continental bridge theory	
12.086	大陆漂移说	continental drift theory	
12.087	泛北极起源	holarctic origin	
12.088	植物区系亲缘	floral relation	
12.089	植物区系成分	floral element, floristic element	
12.090	植物区系组成	floral composition, floristic composition	
12.091	狐猴式分布格局	lemurian dispersal-pattern	
12.092	地理替代	geographical substitute	
12.093	物理障碍	physical barrier	

序　码	汉 文 名	英 文 名	注　释
12.094	间断传播	distance dispersal, distance dispersion	

13. 古 植 物 学

序　码	汉 文 名	英 文 名	注　释
13.001	化石植物学	fossil botany	
13.002	古木材解剖学	paleoxylotomy	
13.003	古种子学	paleocarpology	
13.004	古植物地理学	paleophytogeography	
13.005	古植物生态学	paleophytoecology	
13.006	古植物群落生态学	paleophytosynecology	
13.007	古植物群落分布学	paleophytosynchorology	
13.008	古藻类学	paleophycology, paleoalgology	
13.009	古植物区系	paleoflora, geoflora	又称"古植物群"。
13.010	山旺中新世植物区系	Shanwang Miocene flora	又称"山旺中新世植物群"。
13.011	伦敦粘土植物区系	London clay flora	又称"伦敦粘土植物群"。
13.012	欧亚植物区系	Eurasian flora	又称"欧亚植物群"。
13.013	欧美植物区系	Euramerican flora	又称"欧美植物群"。
13.014	冈瓦纳植物区系	Gondwana flora	又称"冈瓦纳植物群"。
13.015	舌羊齿植物区系	Glossopteris flora	又称"舌羊齿植物群"。
13.016	安加拉植物区系	Angara flora	又称"安加拉植物群"。
13.017	华夏植物区系	Cathaysian flora	又称"华夏植物群"。
13.018	大羽羊齿植物区系	Gigantopteris flora	又称"大羽羊齿植物群"。
13.019	古茎叶植物	paleocormophyte	
13.020	黄铁矿化植物	pyritized plant	
13.021	碳化植物	carbonated plant	
13.022	硅化植物	silicified plant	

序 码	汉 文 名	英 文 名	注 释
13.023	钙化植物	calcareous plant	
13.024	石化木	petrified wood	
13.025	硅化木	silicified wood	
13.026	煤化[作用]	coalification	
13.027	丝炭化[作用]	fusainization	
13.028	印痕化石	impression fossil	
13.029	化石植物	fossil plant	
13.030	化石根	radicite	
13.031	化石茎	fossil stem	
13.032	叶化石	phyllite, lithophyll	又称"化石叶"。
13.033	化石木	fossil wood	
13.034	化石果	lithocarp	
13.035	化石森林	fossil forest	
13.036	髓模	pith cast	
13.037	植物皮膜	phytolemma	压型化石上煤化的植物薄膜。
13.038	古羊齿型	archeopterid	
13.039	脉羊齿型	neuropterid	
13.040	栉羊齿型	pecopterid	
13.041	座延羊齿型	alethopterid	
13.042	楔羊齿型	sphenopterid	
13.043	齿羊齿型	odontopterid	
13.044	畸羊齿型	mariopterid	
13.045	网羊齿型	linopterid	
13.046	舌羊齿型	glossopterid	
13.047	须羊齿型	rhodea type	
13.048	带羊齿型	taeniopterid	
13.049	前裸子植物	progymnosperm	
13.050	前被子植物	proangiosperm	
13.051	寒武纪植物	cambrian plant	
13.052	古细菌	archeobacteria	
13.053	疑源类	acritarch	
13.054	大型疑源类	magniacritarch	
13.055	古植代	paleophyte	
13.056	中植代	mesophyte	
13.057	新植代	cenophyte	
13.058	煤核	coal ball	

序 码	汉 文 名	英 文 名	注 释
13.059	叠层石	stromatolite	
13.060	拟茎体	caulidium	
13.061	拟叶体	phyllidium	
13.062	脊下腔	carinal cavity	
13.063	脊下道	carinal canal	又称"脊下痕"。
13.064	通气道	parichnos	又称"通气痕"。
13.065	节下道	infranodal canal	又称"节下痕"。
13.066	周皮相	bergeria	
13.067	中皮相	aspidiaria	
13.068	内模相	knorria	
13.069	低地植物	lowerland plant	在地质时期生长于河、湖、沼泽地带，参与成煤作用的植物。
13.070	高地植物	upland plant	在地质时期生长于河、湖、沼泽外围高地，不参与成煤作用的植物。
13.071	角质膜分析	cuticle analysis	又称"角质层分析"。
13.072	揭片法	peel method	又称"撕片法"。
13.073	硅藻分析	diatom analysis	

14. 孢 粉 学

序 码	汉 文 名	英 文 名	注 释
14.001	孢粉形态学	palynomorphology	
14.002	大气孢粉学	aeropalynology	
14.003	蜂蜜孢粉学	melittopalynology	曾用名"蜂蜜花粉学"。
14.004	孢粉素	sporopollenin	曾用名"孢粉质"。
14.005	醋酸酐分解	acetolysis	
14.006	前花粉	prepollen	
14.007	单花粉	monad	花粉成熟后，分开成为单个花粉粒，称单花粉。
14.008	二合花粉	dyad	花粉成熟后，两个花粉粒连在一起，不

序 码	汉 文 名	英 文 名	注 释
			分开，称二合花粉。
14.009	四合花粉	tetrad	成熟花粉后，四个花粉粒连在一起，不分开，称四合花粉。
14.010	多合花粉	polyad	
14.011	花粉块	pollinium	
14.012	花粉小块	massula	
14.013	孢[粉]壁	sporoderm[is]	
14.014	外壁外层	sexine	
14.015	外壁内层	nexine	
14.016	外壁外表层	ektosexine, ectosexine	
14.017	外壁外内层	endosexine	
14.018	外壁内表层	ektonexine, ectonexine	
14.019	外壁内中层	mesonexine	
14.020	外壁内底层	endonexine	
14.021	覆盖层	tectum	
14.022	无覆盖层的	intectate	
14.023	覆盖层-具穿孔的	tectate-perforate	
14.024	覆盖层-无穿孔的	tectate-imperforate	
14.025	小柱	columella	
14.026	基层	foot layer	
14.027	萌发孔	aperture, trema	
14.028	螺旋状萌发孔	spiraperture, spirotreme	
14.029	规则萌发孔	nomotreme	
14.030	不规则萌发孔	anomotreme	
14.031	拟萌发孔	aperturoid, tremoid	
14.032	沟	colpus, furrow	
14.033	拟沟	colpoid	
14.034	单沟的	monocolpate	
14.035	三沟的	tricolpate	
14.036	合沟的	syncolpate	
14.037	副合沟的	parasyncolpate	
14.038	环沟的	zonocolpate	
14.039	散沟的	pantocolpate	
14.040	近极沟的	catacolpate	

序　码	汉文名	英　文　名	注　释
14.041	远极沟的	anacolpate	
14.042	孔	pore, porus	
14.043	拟孔	poroid	
14.044	内孔	os, endoporus	
14.045	单孔的	monoporate	
14.046	远极单孔	ulcus	
14.047	三孔的	triporate	
14.048	多孔的	polyporate	
14.049	散孔的	pantoporate	
14.050	孔沟的	colporate	
14.051	三孔沟的	tricolporate	
14.052	多孔沟的	polycolporate	
14.053	槽	sulcus	
14.054	三歧槽的	trichotomosulcate	
14.055	薄壁区	tenuity, leptoma	
14.056	纹饰	ornamentation	
14.057	雕饰	sculpture	
14.058	雕纹分子	sculptural element	
14.059	网脊	murus	
14.060	网胞	brochus	
14.061	沟膜	colpus membrane	
14.062	孔膜	pore membrane, porus membrane	
14.063	孔腔	vestibule, vestibulum	又称"孔室"。
14.064	孔盖	operculum	
14.065	孔环	annulus	
14.066	弧形带	arcus	又称"弓形带"。
14.067	盾状区	aspis	
14.068	沟间区	mesocolpium, intercolpium	
14.069	沟界极区	apocolpium	
14.070	孔间区	mesoporium	
14.071	孔界极区	apoporium	
14.072	[极面观]轮廓	amb[it], AMB	
14.073	明暗分析	LO-analysis	
14.074	明暗图案	LO-pattern	
14.075	极	pole	
14.076	极轴	polar axis	
14.077	极面观	polar view	

序　码	汉　文　名	英　文　名	注　　释
14.078	近极	proximal pole	
14.079	远极	distal pole	
14.080	近极面	proximal face	
14.081	远极面	distal face	
14.082	赤道	equator	
14.083	赤道轴	equatorial axis	
14.084	赤道面	equatorial face	
14.085	赤道面观	equatorial view	
14.086	气囊	saccus, air sac, bladder	
14.087	帽	cap[pa]	具气囊花粉的本体，其近极面(背面)加厚外壁，称为帽。
14.088	帽缘	cap ridge, crista marginalis	具气囊花粉的帽，其边缘加厚的部分，称为帽缘。
14.089	本体	corpus	具气囊花粉的非气囊部分，称为本体。
14.090	四分体痕	tetrad mark, tetrad scar, laesura	又称"裂痕"。
14.091	木本植物花粉	arboreal pollen, AP	
14.092	非木本植物花粉	nonarboreal pollen, NAP	
14.093	NPC 分类	NPC–classification	指依据花粉萌发孔的数目、位置、特征的分类。

英 汉 索 引

A

abiogenesis 自然发生说，＊无生源说 01.082

abiotic factor 非生物因子 11.189

abjection 掷出 06.379

abjunction 切落 06.380

abortion 败育 01.190

abortive zoospore 败育动孢子，＊早产动孢子 05.117

abscisic acid 脱落酸 09.263

abscission 脱落 06.381

abscission layer 离层 03.404

abscission zone 离区 03.405

absorbing hair 吸收毛 03.116

absorption 吸收 09.005

absorptive tissue 吸收组织 03.064

abstriction 缢断[作用] 05.027

abundance 多度 11.083

abundance center 多度中心 01.097

acanthocyte 棘胞 06.250

accessory bud 副芽 02.099

accessory calyx 副萼 02.372

accessory fruit 附果 02.540

accessory pigment 辅助色素 09.066

accessory transfusion tissue 副转输组织 03.403

accompanying species 伴生种 11.074

accumbent cotyledon 缘倚子叶 02.584

acervulus 分生孢子盘 06.329

acetolysis 醋酸酐分解 14.005

achene 瘦果 02.516

acicular crystal 针晶体 03.421

aconitum alkaloid 乌头属生物碱 10.058

acorn 橡果 02.524

acridine alkaloid 吖啶类生物碱 10.035

acritarch 疑源类 13.053

acronematic type 尾鞭型 05.035

acropetal translocation 向顶运输 09.243

acrophyte 高山植物 11.224

acroplasm 顶胞质 06.214

actinomorphy 辐射对称 02.351

actinostele 星状中柱 03.374

action spectrum 作用光谱 09.001

active absorption 主动吸收 09.180

active bud 活动芽 02.103

active transport 主动转运 09.183

active uptake 主动吸收 09.180

aculeus 皮刺 02.183

adelphia 离生雄蕊 02.408

adhesive disc ＊粘着盘 06.040

adnate anther 全着药，＊贴着药 02.429

adventitious bud 不定芽 02.110

adventitious embryo 不定胚 04.260

adventitious root 不定根 02.018

adventitious shoot 不定枝 02.085

aecidiosorus 锈孢子器，＊春孢子器 06.277

aeci[di]ospore 锈孢子，＊春孢子 06.282

aecium 锈孢子器，＊春孢子器 06.277

aerating root 通气根 02.029

aerial algae 气生藻类 05.002

aerial plant 气生植物 01.101

aerial root 气生根 02.022

aerobic respiration 需氧呼吸 09.095

aeropalynology 大气孢粉学 14.002

aerophyte 气生植物 01.101

aestivation 花被卷叠式 02.360

aethalium 复囊体 06.004

after-effect 后效 09.045

after-ripening 后熟[作用] 04.226

aggregate cup fruit 聚合杯果 02.506

aggregate free fruit 聚合离果 02.504

aggregate fruit 聚合果 02.538

aggregate ray 聚合射线 03.270

aggregation 群聚 11.109

aging 老化 09.264

aglycon[e] 糖苷配基, ＊甙元 10.132
agravitropism 无向重力性 09.356
agroecology 农业生态学 11.001
agroecotype 作物生态型 11.127
air chamber 气室 03.092
air sac 气囊 14.086
alabastrum 花蕾 02.338
albuminous cell 蛋白质细胞 03.299
alethopterid 座延羊齿型 13.041
aleurone grain 糊粉粒 03.413
aleurone layer 糊粉层 03.412
algae 藻类 05.001
alga glomerules 藻堆 07.061
algicide 灭藻剂 05.007
algin 藻胶 05.062
aliform parenchyma 翼状薄壁组织 03.259
aliphatic amine alkaloid 脂族胺类生物碱
     10.060
alkaloid 生物碱 10.013
allelopathy 化感作用 11.108
alliance 群属 11.289
allogamy 异花受精 04.191
allogenic succession 异发演替 11.174
allophycocyanin 别藻蓝蛋白, ＊异藻蓝蛋白
     05.070
alpine cushion-like vegetation 高山垫状植被
     11.320
alpine flora 高山植物区系 12.074
alpine plant 高山植物 11.224
alpine talus vegetation 高山[流石滩]稀疏植被
     11.319
alternate leaf 互生叶 02.155
alternate phyllotaxy 互生叶序 02.132
alternate pitting 互列纹孔式 03.249
alternation of generations 世代交替 05.099
altitudinal vegetation zone 植被垂直[地]带
     11.267
amaryllidaceae alkaloid 石蒜科生物碱
     10.048
AMB [极面观]轮廓 14.072
amb[it] [极面观]轮廓 14.072
ambrosia cell 蛀道真菌芽胞 06.072
ambrosia fungus 蛀道真菌 06.071
ament 柔荑花序 02.261

amerospore 无隔孢子 06.351
ametoecism 单主寄生[现象] 06.263
amoeboid tapetum ＊变形绒毡层 04.103
amorphous cortex 无定形皮层 07.031
amphicribral vascular bundle 周韧维管束
     03.383
amphigastrium 腹叶 02.179
amphigenesis 两性生殖 04.027
amphiphloic siphonostele 双韧管状中柱
     03.370
amphiphyte 两栖植物 01.107
amphithecium [蒴]周层 08.021
amphitropous ovule 曲生胚珠 02.494
amphivasal vascular bundle 周木维管束
     03.384
amplexicaul leaf 抱茎叶 02.170
ampulla 捕虫囊 02.173, 瓶胞 06.346
amyloid ring 淀粉质环 07.066
amyloplast 造粉体 03.410
amyloplastid 造粉粒 03.409
anabolism 合成代谢 09.113
anacolpate 远极沟的 14.041
anaerobic respiration 无氧呼吸 09.096
anaerobiosis 无氧生活 09.104
ana-holomorph 无性全型 06.031
analogous organ 同功器官 01.165
anamorph 无性型 06.029
anaphysis 丝状孢梗 06.338
anastomosis 网结[现象], ＊联结[现象]
     02.224
anatropous ovule 倒生胚珠 02.491
anchoring root 固着根 02.019
androchore 人布植物 12.015
androconidium 雄分生孢子 06.195
androcyte 雄细胞 04.086
androecium 雄蕊群 02.406
androgenesis 单雄生殖, ＊雄核发育 04.032
androgynophore 雌雄蕊柄 02.449
androphile 伴人植物 11.221
androphore 雄蕊柄 02.407, 雄枝 06.194
androspore 小孢子 04.049
anemochore 风布植物 12.012
anemoentomophily 风虫媒 04.016
anemophilous flower 风媒花 02.328

anemophilous plant　风媒植物　01.124

anemophilous pollination　风媒传粉　04.013

anemophily　风媒　04.012

anemosporae　风布植物　12.012

Angara flora　安加拉植物区系，＊安加拉植物群　13.016

anion exchange　阴离子交换　09.179

anion respiration　阴离子呼吸　09.184

anisogamete　异形配子　05.127

anisogamy　异配生殖　05.096

anisospore　异形孢子　05.107

annellide　环痕梗　06.341

annellidic　环痕[产孢]的　06.389

annellophore　环痕梗　06.341

annellospore　环痕孢子　06.375

annual plant　一年生植物　01.147

annual ring　年轮　03.189

annular thickening　环状加厚　03.171

annulus　菌环　06.304，孔环　14.065

anomalous structure　异常结构　01.175

anomotreme　不规则萌发孔　14.030

anoxia　缺氧　09.105

anoxygenic photosynthesis　不生氧光合作用　09.034

antagonism　拮抗作用　09.185

antagonist　拮抗物　09.186

antagonistic action　拮抗作用　09.185

antarctic realm　南极界　12.035

antenna pigment　天线色素　09.067

anthecology　花生态学　11.017

anther　花药　02.428

anther cell　药室　02.439

anther culture　花药培养　09.265

antheridial cell　精子器细胞　04.075

antheridial initial　精子器原始细胞　04.074

antheridium　精子器，＊藏精器　04.073

anthesis　开花　01.182

anthocarp　掺花果　02.541

anthocarpous fruit　掺花果　02.541

anthocyanidin　花色素　10.112

anthocyanin　花色素苷，＊花色素甙　10.114

anthophore　花冠柄　02.386

antiauxin　抗生长素　09.266

antical lobe　背瓣　08.008

anticlinal division　垂周分裂　01.210

anticlinal wall　垂周壁　03.433

antipodal cell　反足细胞　04.177

antipodal embryo　反足胚　04.256

antipodal haustorium　反足吸器　04.178

antipodal nucleus　反足核　04.176

antitranspirant　抗蒸腾剂　09.125

AP　木本植物花粉　14.091

aperture　萌发孔　14.027

aperturoid　拟萌发孔　14.031

apical cell　顶端细胞　03.034

apical dominance　顶端优势　09.267

apical growth　顶端生长　03.035

apical initial　顶端原始细胞　03.033

apical meristem　顶端分生组织　03.021

apical paraphysis　顶侧丝　06.189

apical placentation　顶生胎座式　02.484

apical teeth　角齿　08.013

apical tier　顶端层　04.246

apicifixed anther　顶着药　02.432

aplanospore　不动孢子　05.109

apocarp　离心皮果　02.502

apocarpous gynoecium　离心皮雌蕊　02.457

apocarpous pistil　离心皮雌蕊　02.457

apocolpium　沟界极区　14.069

apogam[et]y　无配子生殖　04.034

apomixis　无融合生殖　04.033

apophysis　鳞盾　02.557，囊托　06.111，蒴台，＊蒴托　08.028

apoplast　质外体，＊离质体　09.261

apoplastic translocation　质外体运输，＊离质体运输　09.262

apoporium　孔界极区　14.071

aporphine alkaloid　阿朴啡类生物碱　10.024

apospory　无孢子生殖　04.035

apothecium　子囊盘　06.140

apotracheal parenchyma　离管薄壁组织　03.253

apparent osmotic space　表渗透空间　09.126

apparent photosynthesis　净光合　09.038

apposition growth　敷着生长　03.043

appressorium　附着器　06.041

aquatic plant　水生植物　01.102

aquatic root　水生根　02.023

aqueous tissue 贮水组织 03.062

arbor 乔木 01.143

arboreal pollen 木本植物花粉 14.091

arbuscule 丛枝吸胞 06.077

archegonial chamber 颈卵器室 04.062

archegonial initial 颈卵器原始细胞 04.061

archegoniatae 颈卵器植物 01.122

archegonium 颈卵器 04.060

archeobacteria 古细菌 13.052

archeopterid 古羊齿型 13.038

archesporium 孢原 08.033

archetelome 原始顶枝 02.062

archicarp 子囊果原 06.208

archontosome 傍核体 06.069

Arctalpine flora 北极高山植物区系 12.075

Arctic alpine flora 北极高山植物区系 12.075

arctic plant 北极植物 12.016

arctic realm 北极界 12.034

Arcto-Tertiary flora 北极第三纪植物区系 12.076

Arcto-Tertiary forest 北极第三纪森林 12.077

arcuate venation 弧形脉序 02.230

arcus 弧形带, * 弓形带 14.066

ardella 星斑盘 07.052

areal 分布区 12.054

areal disjunction 间断分布区, * 不连续分布区 12.058

areal type 分布区型 12.055

areographic geography 分布区地理学 12.004

areola 着生面 02.550

areole 网眼, * 网隙 02.223

aril 假种皮 02.560

arista 芒 02.180

aromatic compound 芳香化合物 10.082

arrhenokaryon 精核, * 雄核 04.091

arrhenoplasm 雄质 04.092

arthric 节生[产孢]的 06.390

arthrospore 节孢子 06.371

article 关节 02.190

articulate laticifer 有节乳汁器 03.330

articulation 关节 02.190

artificial ripening 人工催熟 09.268

ascocarp 子囊果 06.131

ascoconidiophore 子囊分生孢子梗 06.337

ascoconidium 子囊分生孢子 06.367

ascogenous hypha 产囊丝 06.205

ascogone 产囊体 06.201

ascogonium 产囊体 06.201

ascolichen 子囊地衣 07.005

ascolocular lichen 囊腔地衣 07.004

ascoma 子囊果 06.131

ascophore 产囊枝 06.212

ascoplasm 子囊质 06.213

ascospore 子囊孢子 06.180

ascostroma 子囊座 06.143

ascus 子囊 06.172

ascus crown 子囊冠 06.177

ascus mother cell 子囊母细胞 06.211

ascus plug 子囊塞 06.178

asexual flower 无性花, * 中性花 02.310

asexual generation 无性世代 05.103

asexual reproduction 无性生殖 04.026

ash 灰分 09.188

asiaticoside 积雪草皂苷, * 积雪草皂甙 10.152

aspidiaria 中皮相 13.067

aspis 盾状区 14.067

assemblage 集聚 11.110

assimilate 同化[产]物 09.055

assimilating tissue 同化组织 03.058

assimilation 同化[作用] 09.053

assimilatory coefficient 同化商 09.056

assimilatory power 同化力 09.057

assimilatory quotient 同化商 09.056

association 群丛 11.279

association index 结合指数 11.093

associes 演替群丛 11.281

astaxanthin 变胞藻黄素 05.080

asymbiotic nitrogen fixation 非共生固氮作用 09.219

asymbiotic nitrogen fixer 非共生固氮生物 09.220

atactostele 散生中柱 03.376

athrosterigma 有节梗 07.073

atranorin[e] 黑茶渍素 07.067

auricle 叶耳 02.196

aurone 橙酮, * 噢哢 10.126

auteu-form 单主全孢型 06.272

autocolony 似亲群体 05.023

autoecism 单主寄生[现象] 06.263

autogamy 自花受精 04.190

autogamy 自配生殖 05.092

autogenic succession 自发演替 11.173

automixis 自融合 04.210

autonomic parthenocarpy 自发单性结实 09.269

autophyte 自养植物 01.138

autospore 似亲孢子 05.111

autotrophic plant 自养植物 01.138

autotrophy 自养 01.183

auxiliary species 辅助种 11.075

auxin 生长素 09.270

auxospore 复大孢子 05.110

auxotroph 营养缺陷型，＊专养型 09.002

available nutrient 有效养分 09.189

Avena (拉) test 燕麦试法 09.271

Avena (拉) unit 燕麦单位 09.272

awn 芒 02.180

axial root 主根 02.008

axial root system 主根系 02.009

axial system 轴向系统 03.194

axile placentation 中轴胎座式 02.481

axillary bud 腋芽 02.093

axillary inflorescence 腋生花序 02.250

axis 体轴 01.150

axoneme 鞭毛轴丝 05.038

azygospore 无性接合孢子 06.125

B

bacca 浆果 02.531

bacteriochlorophyll 细菌叶绿素 09.068

balanced solution 平衡溶液 09.221

bamboo forest 竹林 11.315

banded parenchyma 带状薄壁组织 03.255

bark 树皮 03.126

basal-area quadrat 基面积样方 11.045

basal body 基体 05.032

basal cell 基细胞 04.228

basal leaf 基生叶 02.167

basal placentation 基生胎座式 02.483

basidiocarp 担子果 06.221

basidiole 幼担子 06.233

basidiolum 幼担子 06.233

basidioma 担子果 06.221

basidiospore 担孢子 06.249

basidium 担子 06.232

basifixed anther 基着药，＊底着药 02.430

basigamy 基部受精 04.195

basipetal translocation 向基运输 09.244

bast fiber 韧皮纤维 03.073

beak 喙 08.026

belt areal 带状分布区 12.059

belt transect 样条，＊样带 11.049

beneficial element 有益元素 09.223

benthophyte 水底植物，＊沉水植物 11.213

benzylisoquinoline alkaloid 苄基异喹啉类生物碱 10.022

bergeria 周皮相 13.066

Bering bridge 白令桥 12.041

berry 浆果 02.531

biatorine type 蜡盘型 07.054

bicellular hair 双细胞毛 03.104

bicollateral vascular bundle 双韧维管束 03.381

bidirectional translocation 双向运输 09.245

biennial plant 二年生植物 01.148

bifacial leaf 异面叶，＊背腹叶 02.163

bilateral symmetry 两侧对称，＊左右对称 02.348

binding hyphae 联络菌丝 06.291

binomial nomenclature 双名法，＊二名法 01.214

bioassay 生物测定 09.006

bioclimate 生物气候 11.187

bioclimatograph 生物气候图 11.190

biocoenosis 生物群落 11.022

biocommunity 生物群落 11.022

biodiversity 生物多样性 11.096

biogenesis 生源说 01.081

biogeocoenosis 生物地理群落，＊生地群落 11.023

biogeocoenosis complex 生物地理群落复合体，＊生地群落复合体 11.035

biogeography 生物地理学 12.001

biological clock 生物钟 09.274

biological rhythm 生物节律 09.273

biomass 生物量 11.250

biome 生物群系 11.030

biorhythm 生物节律 09.273

biosphere 生物圈，＊生态圈 11.192

biotic ecotype 生物生态型 11.124

biotic factor 生物因子 11.188

biotope 群落生境 11.186

bipolar spore 对极孢子 07.071

bisbenzylisoquinoline alkaloid 双苄基异喹啉类生物碱 10.023

bisect 剖面样条 11.050

bisepoxy lignan 双环氧型木脂体 10.164

bisexual flower 两性花 02.308

bisexual reproduction 两性生殖 04.027

bisindole alkaloid 双吲哚类生物碱 10.061

bisporangium 双孢子囊 05.123

bisporic embryo sac 双孢子胚囊 04.163

bitter principle 苦味素 10.077

Blackman reaction 布莱克曼反应 09.058

bladder 气囊 14.086

blade 叶片 02.206

blasteniospore 对极孢子 07.071

blastic 芽殖[产孢]的 06.386

blastospore 芽生孢子 06.370

bleeding 伤流 09.136

blepharoplast 生毛体 04.090

blind pit 盲纹孔 03.223

blooms 水华 05.008

body cell 体细胞 04.079

bog 酸沼 11.298

bordered pit 具缘纹孔 03.220

boreal coniferous forest 泰加林，＊北方针叶林 11.311

bostrix 螺状聚伞花序 02.279

botanical garden 植物园 01.215

botany 植物学 01.001

boundary parenchyma 界限薄壁组织 03.256

bound auxin 束缚生长素 09.275

bound water 束缚水 09.165

brachy-form 缺锈孢型 06.266

bract 苞片 02.294

bracteal leaf 苞叶 02.178

bracteole 小苞片 02.295，雌苞腹叶 08.015

bractlet 小苞片 02.295

bract scale 苞鳞 02.554

branch 枝[条] 02.076

branched hair 分枝毛 03.118

branch gap 枝隙 03.388

branching system 分枝系统 02.069

branchlet 小枝 02.079

branch trace 枝迹 03.387

bristle 刚毛 02.238

broad leaf wood 阔叶材，＊硬材 03.187

brochus 网胞 14.060

bromatium 饲蚁丝 06.073

bryology 苔藓植物学 01.031

bryophyta 苔藓植物 08.001

bud 芽 01.155

bud eye 芽眼 02.112

bud scale 芽鳞 02.111

bulb 鳞茎 02.048

bulbil 珠芽 02.108

bulblet 小鳞茎 02.050

bulliform cell 泡状细胞 03.093

bulliform scale 泡状鳞片 02.185

bunch grass 丛生禾草 11.243

buttress 板根 02.033

C

C_3 photosynthesis 碳-3 光合作用 09.035

C_4 photosynthesis 碳-4 光合作用 09.036

caatinga 卡廷加群落 11.333

calcar 瓣距 02.403

calcareous plant 钙化植物 13.023

calciphobe 嫌钙植物 11.198

calciphyte 钙土植物 11.197

callose plug 胼胝质塞 04.136

callus 胼胝体 03.294

Calvin cycle 卡尔文循环，＊光合碳还原环 09.064

calyculus 杯状孢囊基 06.008

calypter 帽状体 05.026

calyptra 根冠 03.333，帽状体 05.026，蒴帽 08.024

calyx 花萼 02.366

calyx lobe 萼裂片 02.370

calyx tube 萼筒 02.369

CAM 景天酸代谢 09.037

cambium 形成层 03.148

cambrian plant 寒武纪植物 13.051

campanulate corolla 钟状花冠 02.376

camphane derivative 莰烷衍生物 10.096

camphor 樟脑 10.084

campo 巴西草原，＊坎普群落 11.323

campylotropous ovule 弯生胚珠 02.492

canopy density 郁闭度 11.088

canthaxanthin 角黄素 05.073

capillitium 孢丝 06.005

capitulum 头状花序 02.263

cap[pa] 帽 14.087

cap ridge 帽缘 14.088

capsule 蒴果 02.512，夹膜 05.045，孢蒴 08.020

carbon assimilation 碳同化 09.060

carbonated plant 碳化植物 13.021

carbon dioxide fertilization 二氧化碳施肥 09.062

carbon dioxide fixation 二氧化碳固定 09.061

cardenolide 强心苷，＊强心甙 10.137

cardiac aglycone 强心苷配基，＊强心甙元 10.138

cardiac glycoside 强心苷，＊强心甙 10.137

carinal canal 脊下道，＊脊下痕 13.063

carinal cavity 脊下腔 13.062

carotene 胡萝卜素 10.099

carpel 心皮 02.455

carpellary scale 心皮鳞片 02.456

carpogone 果胞 05.129

carpogonial filament 果胞丝 05.130

carpophore 心皮柄 02.459

carpopodium 果柄 02.548

carpospore 果孢子 05.116

caruncle 种阜 02.561

caryopsis 颖果 02.518

Casparian band 凯氏带 03.352

Casparian dots 凯氏点 03.353

Casparian strip 凯氏带 03.352

casual species 偶见种 11.061

catabolism 分解代谢 09.112

catacolpate 近极沟的 14.040

cataphyll 低出叶，＊芽苞叶 02.152

cataphysis 假侧丝 06.188

cata-species 缺性孢种 06.274

catathecium 倒盾状囊壳 06.147

catechin 儿茶素 10.111

catharanthus alkaloid 长春花属生物碱 10.053

Cathaysian flora 华夏植物区系，＊华夏植物群 13.017

catkin 柔荑花序 02.261

catothecium 倒盾状囊壳 06.147

caudex 茎基 01.151

caudicle 花粉块柄 02.447

caulidium 拟茎体 13.060

cauliflory 茎花现象 11.141

cauline inflorescence 茎生花序 02.252

celastraceae alkaloid 卫矛科生物碱 10.047

cell 细胞 01.171，子房室 02.475

cellular [type] endosperm 细胞型胚乳 04.216

cenophyte 新植代 13.057

central cell 中央细胞 04.174

central cylinder 中柱 03.365

centrum 果心 06.171

cephalodium 衣瘿 07.044

cephalotaxus alkaloid 粗榧属生物碱 10.046

cetraria tundra 岛衣冻原 07.022

chaff 膜片 02.297

chalaza 合点 04.159

chalazal chamber 合点腔 04.153

chalazal end 合点端 04.158

chalazal haustorium 合点吸器 04.151

chalazogamy 合点受精 04.194

chalcone 查耳酮 10.124

chamaephyte 地上芽植物 11.233

chaparral 查帕拉尔群落 11.330

character[istic] species 特征种 11.060

characteristic species combination 特征种组合 11.120

chart quadrat 图解样方 11.042

chasmo[chomo]phyte 石隙植物 11.217

ch[e]iropterophily 翼手媒 04.023

chemical race 化学宗 10.003

chemical type 化学型 10.004

chemosynthesis 化能合成 09.065

chiastobasidium 横锤担子 06.240

chilling injury 寒害 09.369

chlamydospore 厚垣孢子 06.051

chlorenchyma 绿色组织 03.060

chlorophyll 叶绿素 09.069

chlorosis 缺绿症 09.190

choripetal 离瓣 02.392

choripetalous flower 离瓣花 02.321

chorisepal 离[片]萼 02.367

chorisis 分离 02.365

chromatophore 载色体 09.070

chromone 色[原]酮 10.128

chronosequence 演替系列 11.159

chrysochrome 金藻色素 05.078

chrysoxanthophyll 金藻叶黄素 05.079

chylocaula 肉茎植物 11.207

chylophylla 肉叶植物 11.208

cicatrized 具痕的 06.392

cilium 纤毛 02.240

cinchona alkaloid 金鸡纳属生物碱 10.059

cinchonamine alkaloid 辛可胺类生物碱 10.031

cincinnus 蝎尾状聚伞花序 02.281

circadian rhythm [近]昼夜节律 09.277

circinotropous ovule 拳卷胚珠 02.495

circle sample 样圆 11.047

circumnutation 回旋转头运动 09.343

circumpolar disjunction 环极间断分布 12.050

cladode 叶状枝 02.087

cladonia tundra 石蕊冻原 07.021

clamp connection 锁状联合 06.257

clamp connexion 锁状联合 06.257

class 纲 01.055

claw 瓣爪 02.402

cleavage polyembryony 裂生多胚[现象] 04.252

cleistocarp 闭囊果 06.137, 闭蒴 08.036

cleistothecium 闭囊壳 06.138

climacteric 呼吸跃变，＊呼吸[高]峰 09.106

climatic climax 气候顶极 11.152

climax 顶极[群落] 11.147

climax-pattern hypothesis 顶极格局假说 11.148

climber 攀缘植物 01.112

climbing movement 攀缘运动 09.344

climbing plant 攀缘植物 01.112

climbing root 攀缘根 02.024

climbing stem 攀缘茎 02.042

clinostat [水平]回转器 09.348

clip quadrat 剪除样方 11.043

clisere 气候演替系列 11.161

clone 克隆，＊无性繁殖系 01.075

closed venation 闭锁脉序 02.227

closing layer 封闭层 03.143

C／N ratio 碳氮比 09.276

coal ball 煤核 13.058

coalescent aperture 合生纹孔口 03.216

coalification 煤化[作用] 13.026

coccus 分果瓣 02.527

CO_2 compensation point 二氧化碳补偿点 09.088

co-dominant species 共优种 11.072

co-edificato 共建种 11.071

coefficient of similarity 相似系数 11.059

coenobium 定形群体 05.022

coenogamete 多核配子 05.128

cold injury 冷害 09.368

coleoptile 胚芽鞘 02.581

coleorhiza 胚根鞘 02.576

collar 珠托 04.144, 囊领 06.108

collateral vascular bundle 外韧维管束 03.380

collective fruit 复果，＊聚花果 02.500

collenchyma 厚角组织 03.068

colleter 粘液毛 03.108

collulum 梗颈 06.349

colony 群体 05.021

colpoid 拟沟 14.033

colporate 孔沟的 14.050

colpus 沟 14.032

colpus membrane 沟膜 14.061

columella 囊轴 06.109，[腹菌]中轴 06.318，蒴轴 08.034，小柱 14.025

columnar cell 柱状细胞 03.334

coma 种缨，＊丛毛 02.558

commissure 接着面 02.528

common petiole 总[叶]柄 02.204

community classification ＊群落分类 11.278

community complex 群落复合体 11.034

community dynamics 群落动态 11.038

community mosaic 群落镶嵌 11.037

companion cell 伴胞 03.298

companions 伴生种 11.074

comparative phytochemistry 比较植物化学 10.001

comparative plant embryology 植物比较胚胎学 04.001

compensation point 补偿点 09.071

competitive exclusion principle 竞争排斥原理 11.106

competitive plant 竞争植物 11.226

complementary tissue 补充组织 03.142

complete flower 完全花 02.311

complete leaf 完全叶 02.160

compound inflorescence 复[合]花序 02.255

compound leaf 复叶 02.145

compound middle lamella 复合胞间层，＊复合中层 03.438

compound pistil 复雌蕊 02.453

compression wood 应压木，＊压缩木 03.192

concentric vascular bundle 同心维管束 03.382

conceptacle 生殖窠 05.133

conchospore 壳孢子 05.114

condensed tannin 缩合鞣质 10.110

conducting tissue 输导组织 03.065

cone 球果 02.553

confluent parenchyma 聚翼薄壁组织 03.260

conidiogenous cell 产孢细胞 06.383

conidiole 小分生孢子 06.360

conidiome 分生孢子体 06.326

conidiophore 分生孢子梗 06.334

conidiospore 分生孢子 06.350

conidium 分生孢子 06.350

conidium initial 分生孢子原 06.384

coniferous forest 针叶林 11.307

coniferous wood 针叶材，＊软材 03.186

conjugation 接合[作用] 05.088

conjugation tube 接合管 05.089

connecting strand 联络索 03.293

connective 药隔 02.440，孢间连丝 06.377

constancy 恒有度 11.086

constant species 恒有种 11.076

contact community 接触群落 11.025

context 菌肉 06.299

continental block 大陆块 12.036

[continental] bridge 陆桥 12.039

continental bridge theory 陆桥学说 12.085

continental displacement 大陆位移 12.069

continental drift theory 大陆漂移说 12.086

continental margin 大陆边缘 12.038

continental shelf 大陆架 12.037

continental species 大陆种 12.025

continuous areal 连续分布区 12.057

continuous culture 连续培养 09.278

contorted 旋转状 02.362

contractile root 收缩根 02.030

contractile vacuole 收缩泡 05.030

convallaria cardiac glycoside 铃兰类强心苷，＊铃兰类强心甙 10.141

corbicula 冬孢堆护膜 06.280

coremium 孢梗束 06.333

cork 木栓 03.131

cork cambium 木栓形成层 03.130

cork cell 木栓细胞，＊栓化细胞 03.135

corm 球茎 02.051

cormlet 小球茎 02.052

corolla 花冠 02.373

corolla lobe 花冠裂片 02.390

corolla throat 花冠喉 02.387

corolla tube 花冠筒 02.389

corona 根颈 02.037，副花冠 02.385

corpus 原体 03.051，本体 14.089

correlation 相关[性] 01.196

cortex 皮层 03.349

cortina 丝膜 06.305

corymb 伞房花序 02.265

coscinoid 筛丝 06.252

cosmopolitan distribution 世界分布 12.044

cosmopolitan genus 世界属, *广布属 12.033

cosmopolitan [species] 世界种, *广布种 12.027

cosmopolite species 世界种, *广布种 12.027

cotyledon 子叶 02.583

cotyledon trace 子叶迹 02.586

coumarin 香豆素 10.169

coverage 盖度 11.082

crassinucellate ovule 厚珠心胚珠 04.141

crassulacean acid metabolism 景天酸代谢 09.037

crassulae 眉条 03.226

creationism 特创论 01.085

creeper 匍匐枝 02.082

creeping stem 匍匐茎 02.044

cremocarp 双悬果 02.526

crevice plant 石隙植物 11.217

crista 鸡冠状突起 02.400

crista marginalis 帽缘 14.088

critical dark-period 临界暗期 09.280

critical day-length 临界日长 09.281

critical period 临界期 09.282

critical plasmolysis 临界质壁分离 09.128

crossed pit 十字纹孔 03.219

cross-fertilization 异花受精 04.191

cross field 交叉场 03.224

cross-field pitting 交叉场纹孔式 03.225

cross-pollination 异花传粉 04.008

cross section 横切面 01.206

crown-gall nodule 冠瘿瘤 02.588

crown projection diagram 树冠投影图 11.118

crozier 产囊丝钩 06.206

cruciferous corolla 十字形花冠 02.380

crustaceous thallus 壳状地衣体 07.028

crustose lichen 壳状地衣 07.011

cryptogamia 隐花植物 01.116

cryptophyte 隐芽植物 11.235

crystal 晶体, *结晶 03.419

crystal cell 含晶细胞, *结晶细胞 03.416

crystal fiber 含晶纤维 03.418

crystal idioblast 含晶异细胞 03.417

crystalloid 拟晶体, *类晶体 03.420

crystal sac 晶囊 03.430

cucullus 盔瓣 02.398

culm [空心]秆 02.088

cultivar 栽培种 01.073

cultivated form 栽培类型 12.032

cultivated variety 栽培变种 12.031

cultivated vegetation 栽培植被 11.271

culture solution 培养液 09.007

cupule 壳斗 02.529

cushion plant [座]垫状植物 11.240

cuticle 角质膜, *角质层 03.120, 角质层 03.122

cuticle analysis 角质膜分析, *角质层分析 13.071

cuticula 膜皮 06.223

cuticularization 角质膜形成[作用] 03.125

cuticular transpiration 角质膜蒸腾 09.132

cutin 角质 03.121

cutinization 角化[作用] 03.123

cutinized layer 角化层 03.124

cutis 膜皮 06.223

cyanelle 蓝色小体 05.055

cyanide-resistant respiration 抗氰呼吸 09.100

cyanogentic glycoside 含氰苷, *含氰甙 10.135

cyanophage 噬蓝藻体 05.057

cyanophycin granule 蓝藻素颗粒 05.054

cyanoplast 蓝质体 05.053

cyathium 杯状聚伞花序 02.276

cyclic electron flow 循环电子传递 09.080

cyclic electron transport 循环电子传递 09.080

cyclic flower 轮生花 02.323

cyclic photophosphorylation 循环光合磷酸化 09.077

cyclolignan 环木脂体 10.166

cyclolignolide　环木脂内酯　10.167

cyclopeptide alkaloid　环肽类生物碱　10.043

cyclosis　胞质环流　01.172

cyme　聚伞花序　02.269

cymelet　小聚伞花序　02.274

cymule　小聚伞花序　02.274

cynarrhodion　蔷薇果　02.536

cyphella　杯点　07.042

cypsela　连萼瘦果　02.517

cystidiole　小囊状体　06.227

cystidium　囊状体　06.226

cystolith　钟乳体　03.431

cystophore　休眠孢囊梗　06.089

cystosorus　休眠孢子堆　06.085

cytogamy　胞质配合　04.205

cytokinin　细胞分裂素　09.283

cytopharynx　[细]胞咽　05.029

cytoplasmic streaming　胞质环流　01.172

D

dammarane type　达玛烷型　10.088

dark reaction　暗反应　09.074

dark respiration　暗呼吸　09.098

dark seed　需暗种子　09.341

day-neutral plant　日[照]中性植物，　* 中间
性植物　09.334

day-night rhythm　[近]昼夜节律　09.277

death point　死点　09.008

deciduous broad-leaved forest　落叶阔叶林；
* 夏绿林　11.303

deciduous leaf　落叶　02.142

dedifferentiation　脱分化，　* 去分化　01.186

de-etiolation　脱黄化　09.284

definite inflorescence　有限花序　02.258

defoliating agent　脱叶剂　09.285

defoliation　脱叶　09.286

degenerated synergid　退化助细胞　04.170

degree of closing　疏密度　11.084

dehardening　解除锻炼　09.374

dehiscent fruit　裂果　02.509

delignification　脱木质化[作用]　09.028

dendroid hair　树状毛　03.119

density　密度　11.081

denuded quadrat　芟除样方，　* 除光样方
11.044

deplasmolysis　质壁分离复原　09.130

depolarization　脱极化　09.287

dermal system　皮系统　03.084

dermatogen　表皮原　03.045

desert　荒漠　11.294

desert lichen　荒漠地衣　07.008

deuteroconidium　半知分生孢子　06.361

development　发育　01.179

developmental botany　发育植物学　01.004

developmental center　发育中心　01.093

developmental malformation　发育畸形
09.288

developmental phase　发育期　09.289

developmental rhythm　发育节律　09.290

devernalization　脱春化　09.292

diadelphous stamen　二体雄蕊　02.410

diagnostic species　鉴别种　11.066

diaphragmed pith　分隔髓　03.394

diarch　二原型　03.360

diatomaceous earth　硅藻土　05.061

diatom analysis　硅藻分析　13.073

dichasium　二歧聚伞花序　02.271

dichogamy　雌雄[蕊]异熟　02.341

dichotomous branching　二歧分枝式　02.073

dichotomous venation　二叉脉序　02.229

dichotomy　二歧分枝式　02.073

dicotyledonous wood　阔叶材，　* 硬材
03.187

dictyospore　砖格孢子　06.354

dictyostele　网状中柱　03.372

didymospore　单隔孢子，　* 双胞孢子　06.352

didynamous stamen　二强雄蕊　02.418

differential permeability　选择透性　09.238

differential species　区别种　11.067

differentiation　分化　01.185

differentiation phase　分化期　09.293

diffractive ring　裂环　06.179

diffuse parenchyma　星散薄壁组织　03.254

diffuse-porous wood　散孔材　03.179

digitalis cardiac glycoside　毛地黄类强心苷，
　　＊毛地黄类强心甙　10.139

digitonin　毛地黄皂苷，＊毛地黄皂甙
　　10.157

dihydrochalcone　双氢查耳酮　10.125

dimitic　二系菌丝的　06.295

dioecism　雌雄异株　02.334

diosgenin　薯蓣皂苷配基，＊薯蓣皂甙元
　　10.146

diplecolobal embryo　子叶回折胚　02.572

diplostemonous stamen　外轮对萼雄蕊
　　02.416

disc flower　心花　02.336

disclimax　歧顶极，＊偏途顶极　11.155

discocarp　盘[状子]囊果　06.139

discontinuous areal　间断分布区，＊不连续
　　分布区　12.058

discontinuous distribution　间断分布　12.042

discontinuous zone　间断分布带　12.043

discothecium　囊盘状子囊座　06.151

disjunction　间断分布　12.042

disjunctor　孢间连丝　06.377

dispermy　双精入卵，＊二精入卵　04.202

dispersal center　散布中心　01.092

dissepiment　隔膜　02.476，管壁　06.262

dissimilation　异化[作用]　09.054

distal face　远极面　14.081

distal pole　远极　14.079

distance dispersal　间断传播　12.094

distance dispersion　间断传播　12.094

distance method　距离法　11.055

distinct stamen　离生雄蕊　02.408

distribution center　分布中心　01.091

diterpene　双萜，＊二萜　10.069

diurnal cycle　昼夜循环　09.294

divaricate anther　广歧药　02.435

divergent anther　个字药　02.434

diversity　多样性　11.095

diversity center　多样中心　01.096

diversity index　多样性指数，＊丰富度指数
　　11.097

diverticule　小囊突　06.103

diverticulum　小囊突　06.103

division　门　01.053

dolipore septum　桶孔隔膜　06.259

dome cell　圆顶细胞　06.207

dominance　优势度　11.089

dominance index　优势度指数　11.098

dominant species　优势种　11.070

dormancy　休眠　01.180

dormancy stage　休眠期　09.295

dormant bud　休眠芽　02.104

dorsal lamina　背翅　08.007

dorsal lobe　背瓣　08.008

dorsal suture　背缝线　02.472

dorsifixed anther　背着药　02.431

dorsi-ventral leaf　异面叶，＊背腹叶　02.163

dothithecium　座囊腔　06.145

double fertilization　双受精　04.199

double flower　重瓣花　02.320

drepanium　镰状聚伞花序　02.280

drupe　核果　02.534

drupelet　小核果　02.535

druse　晶簇　03.427

dry fruit　干果　02.508

dry stigma　干柱头　04.126

dune succession　沙丘演替　11.179

durisilvae　硬叶林　11.306

dwarf plant　矮化植物　09.296，矮生植物
　　09.297

dwarf shoot　短枝　02.078

dyad　二分体　04.119，二合花粉　14.008

E

early wood　早材，＊春材　03.184

ecize　定居　11.158

ecobiomorphism　生长型，＊生态生物型
　　11.128

ecocline　生态差型　11.121

ecological amplitude　生态幅　11.129

ecological biochemistry　生态生物化学
　　11.015

ecological factor　生态因子　11.191

ecological gradient　生态梯度　11.130

ecological pyramid 生态金字塔 11.256

ecological series 生态系列 11.131

[ecological] species group [生态]种组 11.119

ecological system 生态系统 11.244

ecological type 生态型 11.122

ecosphere 生物圈，＊生态圈 11.192

ecosystem 生态系统 11.244

ecosystem ecology 生态系统生态学 11.009

ecotope 生境，＊生态环境 11.184

ecotype 生态型 11.122

ecotypic differentiation 生态型分化 11.123

ectal excipulum 外囊盘被 06.168

ectoascus 子囊外壁 06.174

ectodesma 外连丝 03.445

ectomycorrhiza 外生菌根 02.595

ectonexine 外壁内表层 14.018

ectosexine 外壁外表层 14.016

ectospore 外生孢子 06.049，[孢子]表壁 06.058

ectosporium [孢子]表壁 06.058

ectotunica 子囊外壁 06.174

edaphogenic succession 土壤发生演替 11.178

edge species 边缘种 11.068

edificato 建群种 11.069

egg 卵 04.071

egg apparatus 卵器 04.168

egg membrane 卵膜 04.167

egg nucleus 卵核 04.166

ektonexine 外壁内表层 14.018

ektosexine 外壁外表层 14.016

elater 弹丝 06.007

electro[end]osmosis 电渗 09.194

electrogenic pump 生电泵 09.195

electron carrier 电子载体 09.108

electron transport 电子传递 09.107

elfin forest [热带]高山矮曲林 11.309

elongation region 伸长区 03.338

elongation zone 伸长区 03.338

embryo 胚 01.160

embryogenesis 胚胎发育，＊胚胎发生 04.222

embryogeny 胚胎发育，＊胚胎发生 04.222

embryoid 胚状体 04.261

embryonal axis 胚轴 02.577

embryonal tube 胚管 04.231

embryophyte 有胚植物 01.123

embryo proper 胚体 02.573

embryo sac 胚囊 04.160

embryo sac mother cell 胚囊母细胞 04.161

embryo sac tube 胚囊管 04.165

Emerson enhancement effect 埃默森增益效应，＊埃默生增益效应 09.072

enation 突起 02.068

endarch 内始式 03.358

endemic species 特有种 12.018

endoascospore 子囊孢子内胞 06.182

endoascus 子囊内壁 06.173

endocarp 内果皮 02.546

endoconidium 内分生孢子 06.364

endocyanosis 胞内蓝藻共生 05.056

endodermis 内皮层 03.351

endo—form 锈孢型 06.269

endogenetic succession 内因演替 11.171

endogenous origin 内生源 01.177

endogenous periodicity 内源周期性 09.299

endogenous respiration 内源呼吸 09.103

endogenous rhythm 内源节律 09.298

endogenous timing 内源节律 09.298

endolithic lichen 石内地衣 07.014

endomycorrhiza 内生菌根 02.594

endonexine 外壁内底层 14.020

endo[peri]stome 内蒴齿，＊内齿层 08.032

endophloeodal lichen 树皮内生地衣 07.015

endophytic algae 内生藻类 05.004

endoporus 内孔 14.044

endosexine 外壁外内层 14.017

endosmosis 内渗 09.196

endosperm 胚乳 02.564

endosperm embryo 胚乳胚 04.254

endosperm haustorium 胚乳吸器 04.221

endospore 内生孢子 06.048，[孢子]内壁 06.054

endosporium [孢子]内壁 06.054

endostomium 内蒴齿，＊内齿层 08.032

endothecium 药室内壁 04.099，[蒴]内层 08.023

endotunica 子囊内壁 06.173

entomochore 虫布植物 12.014

entomophilous flower 虫媒花 02.329

entomophilous plant 虫媒植物 01.125

entomophilous pollination 虫媒传粉 04.015

entomophily 虫媒 04.014

entomosporae 虫布植物 12.014

environmental botany 环境植物学 11.002

environmental indicator 环境指示者 11.196

environmental physiology 环境生理 09.366

ephedra alkaloid 麻黄属生物碱 10.049

ephemeral plant 短命植物 01.137

ephemeroid 类短命植物 11.231

epibasidium 上担子 06.237

epibiotic species 孑遗种、 * 残遗种 12.017

epiblem 根被皮 03.344

epicalyx 副萼 02.372

epicotyl 上胚轴 02.579

epidermal hair 表皮毛 03.099

epidermis 表皮 03.085

epigynous flower 上位花 02.327

epigynous stamen 上位着生雄蕊 02.423

epinasty 偏上性 09.352

epipetalous stamen 着生花冠雄蕊 02.424

epiphragm 表膜 06.319

epiphyll[ae] 叶附生植物 11.241

epiphysis 胚芽原 04.249

epiphyte 附生植物 01.108

epiphytic root 附生根, * 附着根 02.027

epiplasm 造孢剩质 06.215

epispore 附生孢子 05.115、 [孢子]附壁 06.055

episporium [孢子]附壁 06.055

epithecial cortex 囊层皮 06.166

epithecium 囊层被 06.162

epithelium 上皮 03.326

epivalve 上壳面 05.050

equal dichotomy 等二歧分枝式 02.074

equal division 均等分裂 01.212

equator 赤道 14.082

equatorial axis 赤道轴 14.083

equatorial face 赤道面 14.084

equatorial view 赤道面观 14.085

equivalent species 等值种, * 等价种

11.079

erect stem 直立茎 02.040

eremophyte 荒漠植物 01.133

ergastic substance 后含物 03.408

ergot alkaloid 麦角类生物碱 10.033

erythrina alkaloid 刺桐属生物碱 10.054

essential element 必需元素 09.197

essential oil 精油 10.081

ethnobotany 民族植物学 01.044

etiolation 黄化 09.300

eucarpic reproduction 分体产果式生殖 06.082

eu-form 全孢型 06.265

Euramerican flora 欧美植物区系、 * 欧美植物群 13.013

Eurasian flora 欧亚植物区系, * 欧亚植物群 13.012

eurychoric species 广域种 11.136

eurytopic species 广幅种 11.134

eustele 真中柱 03.378

euthecium 真子囊果 06.133

eutrophic plant 富养植物, * 肥土植物 11.222

eutrophyte 富养植物, * 肥土植物 11.222

evapotranspiration 蒸发蒸腾[作用] 09.134

evenness index 均匀度指数 11.094

evergreen broad-leaved forest 常绿阔叶林, * 照叶林 11.304

evergreen leaf 常绿叶 02.143

evergreen plant 常绿植物 01.127

evolutionary botany 演化植物学 01.018

evolutionary theory 进化论, * 演化论 01.086

evolution center 演化中心 01.094

evolutionism 进化论, * 演化论 01.086

exarch 外始式 03.356

exciple 囊盘被 06.167

excipulum 囊盘被 06.167

excitability 激感性 09.353

exclusive species 确限种 11.065

exine-held protein 外壁蛋白 04.123

exit tube 出管 06.090

exocarp 外果皮 02.544

exodermis 外皮层 03.348

exogenetic succession 外因演替 11.172

exogenous origin 外生源 01.176

exogenous rhythm 外源节律 09.301

exogenous timing 外源节律 09.301

exo[peri]stome 外蒴齿，＊外齿层 08.031

exospore [孢子]外壁 06.056

exosporium [孢子]外壁 06.056

exostomium 外蒴齿，＊外齿层 08.031

exothecium [蒴]外层 08.022

exotic species 外来种 12.021

experimental geobotany 实验植物群落学，
＊实验地植物学 11.020

experimental plant ecology 实验植物群落学，
＊实验地植物学 11.020

experimental plant embryology 植物实验胚胎

学 04.002

explant 外植体 01.162

exploiting species 先锋种 11.073

exserted stamen 突出雄蕊 02.420

extra-axillary inflorescence 腋外生花序
02.251

extra cambium 额外形成层 03.155

extrafloral nectary 花外蜜腺 03.307

extra-tapetal membrane 外绒毡层膜 04.106

extrazonal vegetation 地带外植被，＊超地带
植被 11.273

extrorse anther 外向药 02.437

exudate 溢泌物 09.247

exudation 溢泌 09.246

eye spot 眼点 05.033

F

faciation 群相 11.288

falciphore 镰形能育丝柄 06.340

false annual ring 假年轮 03.190

false dichotomy 假二歧分枝式 02.075

false fruit 假果 02.498

false membrane 堆膜，＊假膜 06.286

false nerve 假脉 02.218

falx 镰形能育丝 06.339

family 科 01.059

fan 扇状聚伞花序 02.282

farinaceous endosperm 粉质胚乳 02.566

farnesol 麝子油醇，＊法呢醇 10.078

fasciation 扁化 02.064

fascicle 密伞花序，＊簇生花序 02.268

fascicled bud 簇生芽 02.096

fascicled leaf 簇生叶 02.159

fascicled phyllotaxy 簇生叶序 02.135

fascicular bud 簇生芽 02.096

fascicular cambium 束中形成层 03.153

female cone 大孢子叶球，＊雌球花
02.304，雌球果 02.542

female gametophyte 雌配子体 04.058

female germ unit 雌性生殖单位 04.179

fen 碱沼 11.297

fenchane derivative 葑烷衍生物 10.098

fernane type 羊齿烷型 10.091

fertile frond 能育叶 02.121

fertile leaf 能育叶 02.121

fertile pinna 能育羽片 02.124

fertile pinnule 能育小羽片 02.125

fertility 能育[性] 01.189

fertilization 受精作用 04.189

fertilization tube 受精管 06.099

fertilized egg 受精卵 04.207

FGU 雌性生殖单位 04.179

fiber 纤维 03.072

fiber tracheid 纤维管胞 03.198

fibrous root 须根，＊纤维根 02.012

fibrous root system 须根系 02.013

filament 花丝 02.427，丝体 05.010

file meristem 肋状分生组织 03.029

filiform apparatus 丝状器 04.173

filling tissue 补充组织 03.142

fire climax 火烧顶极 11.153

flagellum 鞭毛 05.034

flagellum apparatus 鞭毛器 05.028

flank meristem 侧面分生组织 03.028

flavane 黄烷 10.117

flavone 黄酮 10.120

flavonoid 黄酮类化合物 10.118

flavonol 黄酮醇 10.122

flesh 菌肉 06.299

fleshy fruit　肉果　02.530

fleshy root　肉质根　02.032

flexuous hypha　曲折菌丝，＊性孢子受精丝　06.276

flimmer　鞭茸　05.037

floccus　丛卷毛　02.242

flora　植物区系　12.071，植物志　12.078

floral axis　花轴　02.352

floral composition　植物区系组成　12.090

[floral] disc　花盘　02.355

floral element　植物区系成分　12.089

floral induction　成花诱导　09.302

floral leaf　花叶　02.358

floral nectary　花[上]蜜腺　03.306

floral relation　植物区系亲缘　12.088

floral stimulus　成花刺激　09.303

floret　小花　02.335

floridean starch　红藻淀粉　05.082

florigen　成花素　09.304

floristic composition　植物区系组成　12.090

floristic element　植物区系成分　12.089

floristic geography　植物区系地理学　12.006

floristics　植物区系学　12.005

florogenesis　植物区系发生　01.099

florology　植物区系学　12.005

floss　绒毛　02.241

flower　花　01.157

flower bud　花芽　02.101

flower diagram　花图式　02.347

flower formula　花程式　02.346

flowering　开花　01.182

flowering hormone　成花素　09.304

flowering plant　有花植物　01.121

fluitante　漂浮植物　11.210

foliaceous thallus　叶状地衣体　07.029

foliage dressing　叶面施肥　09.198

foliage leaf　营养叶　02.119

foliage pinna　营养羽片　02.126

folial gap　叶隙　03.390

folial trace　叶迹　03.389

foliar diagnosis　叶诊断　09.199

foliar fertilization　叶面施肥　09.198

foliation　幼叶卷叠式　02.139

foliose lichen　叶状地衣　07.012

follicle　蓇葖果　02.510

food chain　食物链　11.248

food web　食物网　11.249

foot cell　脚胞　06.344

foot layer　基层　14.026

forest　森林　11.290

form　变型　01.072

formation　群系　11.283

formation-class　群系纲　11.285

formation-group　群系组　11.284

formation-type　群系型　11.286

fossil botany　化石植物学　13.001

fossil forest　化石森林　13.035

fossil plant　化石植物　13.029

fossil stem　化石茎　13.031

fossil wood　化石木　13.033

fragmentation　断落，＊断裂　06.382

fragmentation spore　节孢子　06.371

free cell formation　游离细胞形成　06.216

free-central placentation　特立中央胎座式　02.482

free nuclear stage　游离核时期　04.057

free nuclei　游离核　04.056

free pollination　自由传粉　04.009

free space　自由空间　09.222

freezing injury　冻害　09.370

frequency　频度　11.080

frequency center　频度中心　01.098

fritillaria alkaloid　贝母属生物碱　10.057

frond　叶　01.156

front flagellum　前鞭毛　05.039

frost　霜冻　09.367

fruit　果实　01.158

frustule　硅藻细胞　05.060

frutex(拉)　灌木　01.144

fruticose lichen　枝状地衣　07.013

fruticose thallus　枝状地衣体　07.030

fucoxanthin　墨角藻黄素，＊岩藻黄质　05.074

fumarprotocetraric acid　富马原岛衣酸　07.069

fundamental system　基本系统　03.056

fundamental tissue　基本组织　03.057

fungus pit　贮菌器　06.070

funicle 珠柄 04.143, 菌纤索 06.323
funicular cord 菌纤索 06.323
funiculus 珠柄 04.143, 菌纤索 06.323
funnel-shaped corolla 漏斗状花冠 02.375

furcate hair 分叉毛 02.245
furrow 沟 14.032
fusainization 丝炭化[作用] 13.027
fusiform initial 纺锤状原始细胞 03.151

G

galea 盔瓣 02.398
gametangium 配子囊 06.120
gamete 配子 05.125
gametophyte 配子体 05.105
gametophyte generation *配子体世代 05.102
gamopetal 合瓣 02.393
gamosepal 合[片]萼 02.368
ganglioneous hair 节分枝毛 02.246
garigue 加里格群落 11.328
gelatinous fiber 胶质纤维 03.080
gelatinous sheath 胶质鞘 05.014
gemma 芽孢 06.050, 胞芽 08.010
gemma cup 胞芽杯 08.011
generalist species 广幅种 11.134
general veil 外菌幕 06.310
generative cell 生殖细胞 04.080
generative hyphae 生殖菌丝 06.292
generative nucleus 生殖核 04.081
genetic isolation 遗传隔离 12.065
genus 属 01.063
geobotanical mapping *地植物学制图 11.276
geobotanical regionalization *地植物学区划 11.277
geobotany *地植物学 11.006
geo[crypto]phyte 地下芽植物 11.236
geoecotype 地理生态型 11.125
geoflora 古植物区系, *古植物群 13.009
geographical isolation 地理隔离 12.062
geographical strain 地理小种 12.029
geographical substitute 地理替代 12.092
geographical variety 地理变种 12.030
geotropism 向地性 09.354
germination 萌发 01.181
germplasm 种质 01.173
germ sporangium 芽孢子囊 06.107

gibberellin 赤霉素 09.305
Gigantopteris flora 大羽羊齿植物区系, *大羽羊齿植物群 13.018
gill 菌褶 06.300
ginsengenin 人参皂苷配基, *人参皂甙元 10.156
ginsenoside 人参皂苷, *人参皂甙 10.158
gland 腺[体] 03.303
glandular hair 腺毛 03.109
glandular scale 腺鳞 02.187
glandular tapetum *腺质绒毡层 04.104
glans 槲果 02.524
gleba 产孢组织 06.314
gleolichen 胶质地衣 07.010
gliding growth 滑过生长 03.041
globular embryo 球形胚 04.233
glochidium 钩毛 02.243
gl[o]eovessel 胶囊体管 06.253
glomerule 团伞花序 02.284
glossopterid 舌羊齿型 13.046
Glossopteris flora 舌羊齿植物区系, *舌羊齿植物群 13.015
glume 颖片 02.298
glycophyte 嫌盐植物, *淡土植物 11.199
glycoside [糖]苷, *[糖]甙 10.131
glycyrrhizin 甘草皂苷, *甘草皂甙 10.150
glyoxylate cycle 乙醛酸循环 09.109
Gondwana flora 冈瓦纳植物区系, *冈瓦纳植物群 13.014
gongylidius 蚁菌球体 06.074
gonimoblast 产孢丝 05.132
gonium 性原细胞 04.054
gonocyte 性原细胞 04.054
gonophore 雌雄蕊柄 02.449
gonophyll 生殖叶 02.118
gonoplasm 精原质 06.098
gourd 瓠果 02.532

grand period of growth　生长大周期　09.306

grand phase of growth　大生长期　09.307

grassland　草地　11.293

grassland ecology　草地生态学　11.016

gravitropism　向重力性　09.355

grazing succession　放牧演替　11.181

gross photosynthesis　总光合　09.039

ground meristem　基本分生组织　03.031

ground tissue　基本组织　03.057

growing point　生长点　03.014

growing tip　生长锥　03.015

growth　生长　01.178

growth cone　生长锥　03.015

growth curve　生长曲线　09.308

growth form　生长型，＊生态生物型　11.128

growth movement　生长运动　09.347

growth periodicity　生长周期性　09.311

growth rate　生长速率　09.326

growth regulator　生长调节剂　09.309

growth rhythm　生长节律　09.312

growth ring　生长轮　03.188

growth substance　生长物质　09.310

guard cell　保卫细胞　03.089

gum canal　树胶道　03.324

guttation　吐水　09.135

gymnocarp　裸囊果　06.153

gymnothecium　裸囊壳　06.154

gynandromorph　雌雄嵌体　04.184

gynobase　雌蕊基　02.460

gynoecium　雌蕊群　02.451

gynogenesis　单雌生殖，＊雌核发育　04.031

gynophore　雌蕊柄　02.458，多核雌器　06.200

gynostegium　合蕊冠　02.444

gynostemium　合蕊柱　02.467

H

habitat　生境，＊生态环境　11.184

habitat gradient　生境梯度　11.185

half-bordered pit-pair　半具缘纹孔对　03.221

half-inferior ovary　半下位子房　02.470

halodrymium　红树林　11.310

halophobe　嫌盐植物，＊淡土植物　11.199

halophyte　盐生植物　01.134

hamathecium　囊间组织　06.183

haplostemonous stamen　具单轮雄蕊　02.415

hapteron　菌索基　06.324

haptonema　附着鞭毛　05.041

hardiness　锻炼　09.373

hardwood　阔叶材，＊硬材　03.187

Hartig net　哈氏网　06.076

haustorium　吸器　02.039

H body　H 孢体　06.290

head　头状花序　02.263

heart-shape embryo　心形胚　04.235

heartwood　心材　03.183

helical thickening　螺纹加厚　03.172

helicospore　卷旋孢子　06.356

helobial [type] endosperm　沼生目型胚乳　04.217

helophyte　沼生植物　01.106

hemi[ana]tropous ovule　横生胚珠　02.493

hemicryptophyte　地面芽植物　11.234

hemicyclic flower　半轮生花　02.324

hemi-form　冬夏孢型　06.270

hemiterpene　半萜　10.067

herb　草本　01.146

herbicide　除草剂　09.313

hermaphrodite flower　两性花　02.308

hesperidium　柑果　02.533

hetereu-form　转主全孢型　06.273

heterobasidium　异担子　06.242

heterocaryon　异核体　04.213

heterocaryosis　异核现象　04.214

heterocellular ray　异型[细胞]射线　03.272

heterocyst　异形胞　05.017

heteroecism　转主寄生[现象]　06.264

heterogamete　异形配子　05.127

heterogony　花蕊异长　02.345

heteromerous lichen　异层地衣　07.034

heteromorphic alternation of generations　异形世代交替　05.101

heterophylly　异形叶性　02.164

heterophyte　异养植物　01.139

heterostyly　花柱异长　02.465

heterothallism　异宗配合　05.094

heterotrichy　异丝性　05.012

heterotristyly　三式花柱式　02.466

heterotrophic plant　异养植物　01.139

heterotrophy　异养　01.184

heteroxeny　转主寄生[现象]　06.264

higher plant　高等植物　01.119

Hill reaction　希尔反应　09.059

hilum　[种]脐　02.562

hinge cell　绞合细胞　03.096

hip　蔷薇果　02.536

histogen　组织原　03.044

historical development　历史发育　01.080

historical plant geography　历史植物地理学　12.007

Hoagland solution　霍格兰溶液，＊赫克兰德溶液　09.200

holantarctic disjunction　泛南极间断分布　12.047

holarctic origin　泛北极起源　12.087

holarctic disjunction　泛北极间断分布　12.046

holdfast　固着器　06.040

hollow style　中空花柱　04.138

holobasidium　无隔担子　06.238

holocarpic reproduction　整体产果式生殖　06.081

holomorph　全型　06.027

homeohydric plant　恒水植物　11.205

homobasidium　同担子　06.243

homocellular ray　同型[细胞]射线　03.271

homoeomerous lichen　同层地衣　07.033

homogamete　同形配子　05.126

homogamy　雌雄[蕊]同熟　02.340，同配生殖　05.095

homogony　花蕊同长　02.344

homologous organ　同源器官　01.164

homostyly　花柱同长　02.464

homothallism　同宗配合　05.093

hood　兜状瓣　02.399

hook　产囊丝钩　06.206

hopane type　何帕烷型　10.093

horizontal vegetation zone　植被水平[地]带　11.266

hormogon[ium]　段殖体，＊藻殖段　05.018

hülle cell　壳细胞　06.395

humanistic botany　人文植物学　01.045

hyalospore　无色孢子　06.358

hybrid tumor　杂交瘤　02.592

hydathodal cell　排水细胞　03.309

hydathode　排水器　03.308

hydroarch sere　水生演替系列　11.164

hydrobiontic algae　水生藻类　05.003

hydrochore　水布植物　12.013

hydrocryptophyte　水下芽植物　11.237

hydrolyzable tannin　水解鞣质　10.109

hydrophilous plant　水媒植物，＊喜水植物　01.126

hydrophilous pollination　水媒传粉　04.018

hydrophily　水媒　04.017

hydrophyte　水生植物　01.102

hydroponics　水培　09.237

hydrosere　水生演替系列　11.164

hydrosporae　水布植物　12.013

hygrodrymium　雨林　11.302

hygrophyte　湿生植物　01.105

hymenial algae　子实层藻　07.032

hymenial veil　菌环　06.304

hymenium　子实层　06.225

hymenolichen　担子地衣　07.006

hymenophore　子实层体　06.224

hymenopode　子实层基　06.230

hymenopodium　子实层基　06.230

hypanthium　托杯　02.354

hypanth[od]ium　隐头花序　02.266

hypersensitivity　过敏性　09.014

hypertonic solution　高渗溶液　09.137

hypertrophy　过度生长　09.314

hypha　菌丝　06.035

hyphal body　虫菌体　06.128

hyphal cord　菌绳　06.037

hyphal knot　菌丝结　06.036

hyphal strand　菌丝束　06.038

hyphidium　层丝　06.228

hyphopodium　附着枝　06.042

hypnospore　休眠孢子　06.052

hypobasidium　下担子　06.236

hypocotyl　下胚轴　02.578

hypocrateriform corolla　托盘状花冠，＊低托
杯状花冠　02.377

hypogynous flower　下位花　02.325

hypogynous stamen　下位着生雄蕊　02.421

hypophyll[um]　菌肉下层　06.231

hypophysis　胚根原　04.248，蒴台，＊蒴托
08.028

hypothallus　基质层　06.009

hypothecium　囊层基　06.165

hypotonic solution　低渗溶液　09.138

hypovalve　下壳面　05.051

hysteresis　滞后[现象]　01.203

hysterothecium　缝裂囊壳　06.152

I

idioblast　异细胞　03.095

idioplasm　种质　01.173

imbibant　吸涨体　09.141

imbibition　吸涨[作用]　09.140

imbibition water　吸涨水　09.142

imbricate　覆瓦状　02.363

imbricate phyllotaxy　覆瓦状叶序　02.136

imidazole alkaloid　咪唑类生物碱　10.037

imperfect flower　不具备花　02.314

imperfect state　不完全阶段　06.026

impermeability　不透性　09.201

impermeable membrane　不透性膜　09.202

importance value　重要值　11.092

impression fossil　印痕化石　13.028

incidental species　偶见种　11.061

incipient plasmolysis　初始质壁分离　09.129

incipient wilting　初萎　09.144

included phloem　内函韧皮部　03.283

included veinlet　内函小脉　02.217

incomplete flower　不完全花　02.312

incomplete leaf　不完全叶　02.161

incubous　蔽前式的　08.005

incumbent cotyledon　背倚子叶　02.585

indefinite inflorescence　无限花序　02.257

indicator plant　指示植物　11.195

indifferent species　随遇种　11.062

indigenous species　土著种，＊乡土种，＊本
地种　11.078

indolylalkylamine alkaloid　吲哚基烷基胺类生
物碱　10.028

induction period　诱导期　09.015

induction phase　诱导期　09.015

indumentum　毛被　02.237

indusium　菌裙　06.317

inferior ovary　下位子房　02.471

infiltration capacity　渗入容量　09.026

inflorescence　花序　02.248，生殖苞　08.018

infranodal canal　节下道，＊节下痕　13.065

infrapetiolar bud　叶柄下芽　02.097

infructescence　果序　02.496

initial areal　原始分布区　12.060

initial community　先锋群落　11.028

initial region　原始分布区　12.060

initial ring　发生环　03.055

initial species　原生种　12.020

innate anther　基着药，＊底着药　02.430

inner aperture　纹孔内口　03.215

inner cephalodium　内衣瘿　07.046

inner glume　内颖　02.300

inner integument　内珠被　04.147

inner investment　内包膜　05.058

inner veil　半包幕，＊内菌幕　06.307

insect-catching leaf　捕虫叶　02.172

insectivorous plant　食虫植物　01.136

insula　网眼，＊网隙　02.223

insular species　隔离种　12.024

intectate　无覆盖层的　14.022

integument　珠被　04.145

integument tapetum　珠被绒毡层　04.148

interascal pseudoparenchyma　囊间假薄壁组织
06.184

intercalary growth　居间生长　03.039

intercalary meristem　居间分生组织　03.023

intercalated pinnule　间小羽片　02.129

intercellular canal　胞间道　03.447

intercellular cavity　胞间腔　03.448

intercellular space　胞间隙　03.446

intercolpium　沟间区　14.068

intercontinental disjunction　洲际间断分布　12.049

intercostal area　脉间区　02.221

interfascicular cambium　束间形成层　03.154

intermediary metabolism　中间代谢　09.111

internal phloem　内生韧皮部　03.282

internal valve　内壳面　05.052

internode　节间　02.067

intersex　雌雄间体　04.185

intersexuality　雌雄间性　04.186

interspecific competition　种间竞争　11.104

intervascular pitting　管间纹孔式　03.245

intine-held protein　内壁蛋白　04.124

intraspecific competition　种内竞争　11.105

intrazonal vegetation　地带内植被　11.272

introduced plant　引种植物　12.010

introrse anther　内向药　02.436

intrusive growth　侵入生长　03.040

intussusception growth　内填生长　03.042

inulin　菊粉　10.170

invading species　侵入种　12.023

inversion　翻转　05.020

involucel　小总苞　02.293

involucre　总苞　02.292，苞苞　08.039

involucrellum　包顶组织　06.159

involucret　小总苞　02.293

ionophore　离子导体　09.203

ipecacuanha alkaloid　吐根属生物碱　10.045

iridoid　环烯醚萜类化合物　10.072

iridoid glycoside　环烯醚萜苷，＊环烯醚萜甙　10.074

irregular flower　不整齐花　02.316

irritability　感应性　09.357

isidium　裂芽　07.039

island disjunction　岛状间断分布　12.051

isobilateral leaf　等面叶　02.162

isocamphane derivative　异莰烷衍生物　10.097

isofernane type　异羊齿烷型　10.092

isoflavone　异黄酮　10.121

isogamete　同形配子　05.126

isogamy　同配生殖　05.095

isohopane type　异何帕烷型　10.094

isolated species　隔离种　12.024

isolation　隔离　12.061

isomorphic alternation of generations　同形世代交替　05.100

isoprene　异戊二烯　10.065

isoprene rule　异戊二烯法则　10.066

isoquinoline alkaloid　异喹啉类生物碱　10.029

isotonic solution　等渗溶液　09.139

isthmus　中孔厚隔　06.219

K

karyogamy　核配合　04.204

karyomixis　核融合　04.200

katabolism　分解代谢　09.112

keel　龙骨瓣　02.396

kin[et]in　细胞分裂素　09.283

kingdom　界　01.050

Knop solution　克诺普溶液，＊克诺普氏溶液　09.204

knorria　内模相　13.068

kohlrabi [caplet]　蚁食菌泡　06.075

kohlrabi head　蚁食菌泡　06.075

Kranz structure　克兰茨结构　09.083

krummholz　[温带]高山矮曲林　11.308

L

label[lum]　唇瓣　02.397

labiate corolla　唇形花冠　02.382

labium　唇形盘缘　07.051

lacinule　小细长裂片　02.130

laesura　四分体痕，＊裂痕　14.090

lag phase　滞后期　01.204

lamella　菌褶　06.300

lamina　叶片　02.206，囊盘总层　06.170

laminal placentation　层状胎座式　02.486

landscape ecology　景观生态学　11.019

lanosterol type　羊毛甾醇型　10.087

lappa　刺果　02.519

lasso mechanism　捕虫环　06.129

latent bud　潜伏芽　02.105

lateral branch　侧枝　02.080

lateral bud　侧芽　02.098

lateral conjugation　侧面接合　05.091

lateral meristem　侧生分生组织　03.022

lateral organ　侧生器官　01.168

lateral root　侧根　02.014

lateral vein　侧脉　02.214

late wood　晚材，＊夏材　03.185

latex cell　乳汁细胞　03.327

latex duct　乳汁管　03.328

laticifer　乳汁器　03.329

laticiferous cell　乳汁细胞　03.327

laticiferous tube　乳汁管　03.328

Laurasia flora　劳亚植物区系　12.072

laurel forest　常绿阔叶林，＊照叶林　11.304

laurisilvae　常绿阔叶林，＊照叶林　11.304

law of limiting factor　限制因子律　09.044

layer transect　剖面样条　11.050

leaf　叶　01.156

leaf abscission　叶片脱离　09.315

leaf apex　叶端，＊叶尖　02.207

leaf area index　叶面[积]指数　09.084

leaf armor　叶胄　02.197

leaf axil　叶腋　02.194

leaf base　叶基　02.208

leaf bud　叶芽　02.100

leaf buttress　叶原座　03.398

leaf cushion　叶座　02.192

leaflet　小叶　02.175

leaf margin　叶缘　02.209

leaf mosaic　叶镶嵌　11.144

leaf nodule　叶瘤　02.589

leaf primordium　叶原基　03.397

leaf scar　叶痕　02.191

leaf sheath　叶鞘　02.195

leaf-size class　叶级　11.230

leaf tendril　叶卷须　02.176

leaf thorn　叶刺　02.182

leakage　渗漏　09.205

lecanorine type　茶渍型　07.055

lecideine type　网衣型　07.058

ledge　孢檐　06.378

legume　荚果　02.511

lemma　外稃　02.301

lemurian dispersal-pattern　狐猴式分布格局　12.091

lemurian intercontinental disjunction　狐猴式洲际间断分布　12.052

lenticel[le]　皮孔　03.141

lenticular transpiration　皮孔蒸腾　09.133

leptinae　细轴型　07.026

lepto-form　无眠冬孢型　06.271

leptoma　薄壁区　14.055

leucoanthocyanidin　无色花色素，＊白花色甙元　10.116

leucoanthocyanin　无色花色苷，＊白花色甙　10.115

LHCP　集光叶绿素蛋白复合物　09.043

liana　藤本植物　01.114

libriform fiber　韧型纤维　03.075

lichen　地衣　07.001

lichenan　地衣淀粉，＊地衣多糖　07.064

lichen flora　地衣区系　07.016，地衣志　07.017

lichen-forming　地衣化的，＊地衣型的　07.023

lichen-gonidia　地衣藻胞　07.063

lichenin　地衣淀粉，＊地衣多糖　07.064

lichenism　地衣共生[性]　07.059

lichenized　地衣化的，＊地衣型的　07.023

lichenized hormocysts　地衣化藻殖孢，＊地衣型藻殖孢　07.060

lichenology　地衣学　01.030

lichenometry　地衣测量法　07.077

lichen tundra　地衣冻原　07.018

lid　蒴盖　08.025

life cycle　生活史，＊生活周期　05.098

life-form　生活型　11.228

life-form spectrum　生活型谱　11.229

life history　生活史，＊生活周期　05.098

life table 寿命表 11.133

life zone 生物带，＊生命带 11.146

ligative hyphae 联络菌丝 06.291

light compensation point 光补偿点 09.087

light harvesting chlorophyll-protein complex
集光叶绿素蛋白复合物 09.043

light reaction 光反应 09.073

light requirement 需光量 09.085

light saturation point 光饱和点 09.086

light seed 需光种子 09.316

light sensitive seed 光敏感种子 09.317

lignan 木脂体 10.162

lignanoid 木脂体 10.162

lignanolide 木脂内酯 10.165

lignification 木质化[作用] 09.027

lignin 木质素 10.130

ligulate corolla 舌状花冠 02.383

limb 冠 02.401

limiting factor 限制因子 01.198

limonoid 柠檬苦素类化合物 10.076

linear migration 直线迁移 12.067

linear tetrad 直列四分体 04.116

line intercept method 样线[截取]法 11.058

linopterid 网羊齿型 13.045

lirella 线状子囊盘 06.141

lirellar type 线盘型 07.053

list quadrat 记名样方 11.041

lithocarp 化石果 13.034

lithocyst 晶细胞 03.415

lithophyll 叶化石，＊化石叶 13.032

lithophyte 石生植物 01.131

litter 凋落物，＊枯枝落叶 11.116

liverwort 苔类[植物] 08.003

llano 委内瑞拉草原，＊亚诺群落 11.324

loading 装入[筛管] 09.249

LO-analysis 明暗分析 14.073

lobe 裂片 02.210

local flora 地方植物志 12.079

local population 地方种群 11.103

locule 子房室 02.475，子囊腔 06.144

loculus 子囊腔 06.144

lodging 倒伏 09.318

lodicule 浆片 02.303

loma 秘鲁草原，＊洛马群落 11.325

loment 节荚 02.551

London clay flora 伦敦粘土植物区系，＊伦
敦粘土植物群 13.011

long day 长日照 09.330

long day plant 长日[照]植物 09.332

longitudinal dehiscence 纵裂 02.441

longitudinal section 纵切面 01.207

long shoot 长枝 02.077

loop cell 圆顶细胞 06.207

LO-pattern 明暗图案 14.074

lophiothecium 扁口囊壳 06.150

lowerland plant 低地植物 13.069

lower plant 低等植物 01.118

lupeol type 羽扇豆醇型 10.090

lysigenous space 溶生间隙 03.312

M

macchia ＊马基亚群落 11.329

macroconidium 大[型]分生孢子 06.362

macrocyclic alkaloid 大环类生物碱 10.042

macrocyst [粘菌]分大囊胞 06.020

macroelement 大量元素 09.206

macrolichen 大型地衣 07.002

macrophyll 大型叶 02.114

macrospore 大孢子 04.047

magniacritarch 大型疑源类 13.054

major element 大量元素 09.206

malacophily 蜗媒 04.022

male cell 雄细胞 04.086

male cone 小孢子叶球，＊雄球花 02.305

male gametophyte 雄配子体 04.072

male germ unit 雄性生殖单位 04.093

male nucleus 精核，＊雄核 04.091

male parthenogenesis 孤雄生殖 04.030

male sterile 雄性不育 04.036

mangrove forest 红树林 11.310

manna lichen 甘露地衣 07.009

manocyst 受精突 06.097

mantle 壳套 05.049

maquis 马基斯群落 11.329

marginal initial 边缘原始细胞 03.036

marginal meristem 边缘分生组织 03.024

marginal placentation 边缘胎座式 02.479

marginal soralia 镶边粉芽堆 07.037

marginal veil 边缘菌幕 06.306

marginal vein 边脉 02.215

margo 塞缘 03.209

mariopterid 畸羊齿型 13.044

marsh 草本沼泽 11.299

mass flow 集流 09.251

massula 花粉小块 14.012

mastigoneme 鞭茸 05.037

matric potential 衬质势，＊基质势 09.156

maturation region 成熟区 03.340

maturation zone 成熟区 03.340

mature community 成熟群落 11.029

maz[a]edium 孢丝粉 07.035

meadow 草甸 11.292

mechanical tissue 机械组织 03.067

median plug 中塞 06.130

medulla 髓 03.392

medullary excipulum 髓囊盘被 06.169

medullary ray 髓射线 03.263

medullary sheath ＊髓鞘 03.395

megagamete 雌配子 04.070

megagametophyte 雌配子体 04.058

megaspore 大孢子 04.047

megaspore haustorium 大孢子吸器 04.048

megaspore mother cell 大孢子母细胞 04.046

megasporogenesis 大孢子发生 04.045

megasporophyll 大孢子叶 02.116

megatherm 高温植物 11.216

meiocyte 性母细胞 04.053

meiosporangium ＊减数分裂孢子囊 06.087

melittopalynology 蜂蜜孢粉学，＊蜂蜜花粉学 14.003

mentha-camphor 薄荷脑 10.085

mericarp 分果瓣 02.527

merispore 断节孢子 06.376

meristem 分生组织 03.017

meristemoid 拟分生组织 03.032

meristem region 分生组织区 03.337

meristem spore 分生梗孢子 06.372

meristem zone 分生组织区 03.337

meront 子粘变[形]体 06.015

merosporangium 柱孢子囊 06.106

merospore 柱囊孢子 06.115

mesarch 中始式 03.357

mesarch sere 中生演替系列 11.165

mesinae 中轴型 07.025

mesocarp 中果皮 02.545

mesocolpium 沟间区 14.068

mesogamy 中部受精 04.193

mesome 中干 02.059

mesonexine 外壁内中层 14.019

mesophyll tissue 叶肉组织 03.399

mesophyte 中生植物 01.104，中植代 13.056

mesoporium 孔间区 14.070

mesosere 中生演替系列 11.165

mesospore [孢子]中壁 06.059，变态冬孢子 06.285

mesosporium [孢子]中壁 06.059

mesotherm 中温植物 11.215

metabasidium 变态担子 06.235

metabolic control 代谢控制 09.115

metabolic pool 代谢库 09.116

metabolic regulation 代谢调节 09.114

metabolic type 代谢类型 09.117

metabolism 代谢 09.110

metabolite 代谢物 09.118

metaphloem 后生韧皮部 03.281

metaphysis 中丝 06.185

metaxenia 后生异粉性，＊果实直感 04.188

metaxylem 后生木质部 03.168

metoecism 转主寄生[现象] 06.264

metula 梗基 06.345

mevalonic acid 甲羟戊酸 10.080

MGU 雄性生殖单位 04.093

microclimate 生物气候 11.187

microcoenosis 小群落 11.024

microcommunity 小群落 11.024

microconidium 小[型]分生孢子 06.363

microcyst [粘菌]小囊胞，＊微包囊 06.019

microelement 微量元素 09.207

microenvironment 小生境，＊小环境 11.183

microfibril　微丝　05.044

micro-form　冬眠孢型　06.268

microgamete　雄配子　04.085

microgametophyte　雄配子体　04.072

microhabitat　小生境，＊小环境　11.183

microlichen　微型地衣　07.003

microphyll　小型叶　02.115

micropylar chamber　珠孔室　04.152

micropylar end　珠孔端　04.157

micropylar haustorium　珠孔吸器　04.150

micropyle　珠孔　04.149

microspore　小孢子　04.049

microspore mother cell　小孢子母细胞　04.051

microsporogenesis　小孢子发生　04.050

microsporophyll　小孢子叶　02.117

microtherm　低温植物　11.214

middle lamella　胞间层，＊中层　03.437

middle layer　中层　04.100

middle piece　中段　06.325

middle teeth　中齿　08.014

midrib　中脉，＊中肋　02.213

migrant plant　迁移植物　12.011

migration　迁移　12.066

migratory circle　迁移圈　12.070

migratory plant　迁移植物　12.011

mineral element　矿质元素　09.209

mineral nutrition　矿质营养　09.210

minimum quadrat area　最小样方面积　11.056

minor element　微量元素　09.207

mire　沼泽　11.295

mitosporangium　＊有丝分裂孢子囊　06.086

mixed bud　混合芽　02.102

mixed inflorescence　混合花序　02.256

molecular botany　分子植物学　01.048

monad　单花粉　14.007

monadelphous stamen　单体雄蕊　02.409

monadoxanthin　蓝隐藻黄素　05.072

monarch　单原型　03.359

monochasium　单歧聚伞花序　02.270

monochogamy　雌雄[蕊]同熟　02.340

monoclimax　单[元]顶极　11.150

monocolpate　单沟的　14.034

monodominant community　单优种群落　11.026

monoecism　雌雄同株　02.333

monoepoxy lignan　单环氧型木脂体　10.163

monogenesis　单元发生[论]　12.081

monogenetic reproduction　单亲生殖　04.028

monomitic　单系菌丝的　06.294

monophylesis　单元发生[论]　12.081

monopodial branching　单轴分枝　02.071

monoporate　单孔的　14.045

monospermy　单精入卵　04.201

monosporic embryo sac　单孢子胚囊　04.162

monostele　单体中柱　03.367

monoterpene　单萜　10.068

monotopic origin　单境起源　12.083

monoxeny　单主寄生[现象]　06.263

monsoon forest　季[风]雨林　11.305

montane mossy forest　山地苔藓林　11.312

morphinane alkaloid　吗啡烷类生物碱　10.025

morphogenesis　形态发生　01.174

morphology of vascular plant　维管植物形态学　02.004

mosaic vegetation　＊镶嵌植被　11.037

moss　藓类[植物]　08.002

movement　迁移　12.066

mucilage canal　粘液道　03.319

mucilage cavity　粘液腔　03.318

mucilage cell　粘液细胞　03.317

multicellular hair　多细胞毛　03.105

multiple epidermis　复表皮　03.086

multiple fruit　复果，＊聚花果　02.500

multiple perforation　复穿孔　03.241

multiple pore　复管孔　03.239

multiseriate ray　多列射线　03.268

Munk pore　蒙克孔，＊孟克孔　06.161

murraya alkaloid　九里香属生物碱　10.056

murus　网脊　14.059

mustard oil　芥子油　10.136

mycangium　贮菌器　06.070

mycelium　菌丝体　06.034

myceloconidium　＊菌丝分生孢子　06.126

mycobiont　地衣共生菌　07.076

mycoclena　菌根鞘　06.079

mycology　真菌学　01.029
mycorrhiza　菌根　02.593
mycotrophy　菌根营养　09.211
myrmecophily　蚁媒　04.021
myrmecophyte　适蚁植物，＊喜蚁植物　01.135
myxamoeba　粘变形体　06.014

myxosporangium　粘孢囊　06.002
myxospore　粘孢子　06.017
myxoxanthin　蓝藻黄素，＊粘藻黄素　05.069
myxoxanthophyll　蓝藻叶黄素，＊粘藻叶黄素　05.071

N

nacreous wall　珠光壁　03.289
nacre wall　珠光壁　03.289
naked bud　裸芽　02.107
naked flower　无被花　02.318
NAP　非木本植物花粉　14.092
nassace　内顶突　06.176
nasse　内顶突　06.176
nasty　感性　09.351
national flora　国家植物志　12.080
native species　土著种，＊乡土种，＊本地种　11.078
natural product　天然产物　10.005
natural succession　自然演替　11.168
natural thinning　自然稀疏　11.107
natural vegetation　自然植被　11.268
nature reserve　自然保护区　11.257
nearest neighbor method　最近[毗]邻法　11.052
neck canal cell　颈沟细胞　04.065
neck cell　颈细胞　04.063
neck initial　颈原始细胞　04.064
nectar　花蜜　03.305
nectary　蜜腺　03.304
needle　针叶　02.171
needle-leaved forest　针叶林　11.307
needle wood　针叶材，＊软材　03.186
nematode tumor　线虫瘤　02.591
neocytoplasm　新细胞质　04.212
neodinoxanthin　新甲藻黄素　05.076
neoflavonoid　新黄酮类化合物　10.119
neofucoxanthin　新墨角藻黄素　05.075
neolignan　新木脂体　10.168
neoquassin　新苦木素　10.011
neosexuality　新性生殖　06.024

neoteny　幼态成熟　04.225
neoxanthin　新黄素，＊新黄质　05.077
nervation　脉序　02.225
nerve　叶脉　02.212
net-like thickening　网纹加厚　03.174
net photosynthesis　净光合　09.038
net production　净生产量　11.252
netted venation　网状脉序　02.228
net vein　网状脉　02.231
neuropterid　脉羊齿型　13.039
neutral flower　无性花，＊中性花　02.310
neutral spore　中性孢子　05.112
nexine　外壁内层　14.015
niche　生态位　11.245
niche breadth　生态位宽度　11.246
niche overlap　生态位重叠　11.247
niche width　生态位宽度　11.246
nicotiana alkaloid　烟草属生物碱　10.052
nitrate plant　喜硝植物　09.212
nitrogenase　固氮酶　09.216
nitrogen cycle　氮循环　09.213
nitrogen fixation　固氮作用　09.214
nitrogen-fixing bacteria　固氮细菌　09.215
node　节　02.066
nodum　节　11.274
nomotreme　规则萌发孔　14.029
nonarboreal pollen　非木本植物花粉　14.092
non-articulate laticifer　无节乳汁器　03.331
noncyclic electron flow　非循环电子传递　09.081
noncyclic electron transport　非循环电子传递　09.081
noncyclic photophosphorylation　非循环光合磷

酸化 09.078

nonessential element 非必需元素 09.224

nonglandular hair 非腺毛 03.111

non-porous wood 无孔材 03.177

nonstoried cambium 非叠生形成层 03.158

notorrhizal embryo 胚根背倚胚 02.569

NPC-classification NPC 分类 14.093

nucellar cell 珠心细胞 04.155

nucellar embryo 珠心胚 04.257

nucellus 珠心 04.154

nuclear cap 核帽 06.065

nuclear [type] endosperm 核型胚乳 04.215

nut 坚果 02.522

nutlet 小坚果 02.523

nutrient 养分 09.226

nutrient cycle 养分循环 09.227

nutrient deficiency 养分缺乏 09.225

nutrient solution 营养液 09.228

nutriocyte 营养胞 06.203

nutritional deficiency disease 缺素病 09.191

nutritional deficiency symptom 缺素症[状] 09.192

nutritional deficiency zone 缺素区 09.193

nyctinastic movement 感夜运动 09.358

O

obdiplostemonous stamen 外轮对瓣雄蕊 02.417

oblique zygomorphy 斜向[两侧]对称 02.350

occasional species 偶见种 11.061

oc[h]rea 托叶鞘 02.201

octant 八分体 04.232

odontopterid 齿羊齿型 13.043

[o]ecesis 定居 11.158

[o]ecotone 生态过渡带, * 群落交错区 11.275

oligotrophic plant 贫养植物, * 瘠土植物 11.223

ombrophobe 嫌雨植物 11.203

ombrophyte 雨水植物 11.202

ontogenesis 个体发育, * 个体发生 01.078

ontogeny 个体发育, * 个体发生 01.078

oogamy 卵式生殖 05.097

ooplasm 卵质 06.092

ooplast 卵质体 06.093

oosperm 受精卵 04.207

oosphere 卵球 06.096

oospore 卵孢子 05.113

open tier 开放层 04.245

open venation 开放脉序 02.226

operculum 囊盖 06.175, 萌盖 08.025, 孔盖 14.064

opposite leaf 对生叶 02.156

opposite phyllotaxy 对生叶序 02.133

opposite pitting 对列纹孔式 03.248

opsis-form 缺夏孢型 06.267

optimum temperature 最适温度 09.016

order 目 01.057

organ 器官 01.163

organogenesis 器官发生 01.169

organogeny 器官发生 01.169

original species 原始种 12.019

origin center 起源中心 01.090

origin of species 物种起源 01.087

ornamentation 纹饰 14.056

ornithophilous flower 鸟媒花 02.330

ornithophilous pollination 鸟媒传粉 04.020

ornithophily 鸟媒 04.019

orobiome 山地生物群系 11.032

orthogenesis 直生论 01.083

orthoplocal embryo 子叶折叠胚 02.570

orthostichy 直列线 02.140

orthotropous ovule 直生胚珠 02.490

os 内孔 14.044

osmometer 渗透计 09.149

osmoregulation 渗透调节 09.150

osmosis 渗透[作用] 09.148

osmotic concentration 渗透浓度 09.153

osmotic potential 渗透势 09.152

osmotic pressure 渗透压 09.151

ostiole 孔口 06.155

ostiolum 孔口 06.155

outer aperture 纹孔外口 03.214

outer glume 外颖 02.299

outer integument　外珠被　04.146

ovary　子房　02.468

ovary wall　子房壁　02.474

over-growth　过度生长　09.314

overtopping　越顶，＊竽出　02.063

ovulate strobilus　大孢子叶球，＊雌球花　02.304

ovule　胚珠　02.489

ovuliferous scale　珠鳞　02.555

oxindole alkaloid　羟吲哚类生物碱　10.032

oxygenic photosynthesis　生氧光合作用　09.033

oxylophyte　酸土植物　11.200

oxyphile　酸土植物　11.200

oxyphobe　嫌酸植物　11.201

P

pachynae　粗轴型　07.024

pad　叶枕　02.198

palate　喉凸　02.388

palea　内稃　02.302

paleoalgology　古藻类学　13.008

paleoareal　古分布区　12.056

paleobotany　古植物学　01.034

paleocarpology　古种子学　13.003

paleocormophyte　古茎叶植物　13.019

paleoflora　古植物区系，＊古植物群　13.009

paleophycology　古藻类学　13.008

paleophyte　古植代　13.055

paleophytoecology　古植物生态学　13.005

paleophytogeography　古植物地理学　13.004

paleophytosynchorology　古植物群落分布学　13.007

paleophytosynecology　古植物群落生态学　13.006

paleotropical disjunction　古热带间断分布　12.048

paleoxylotomy　古木材解剖学　13.002

palisade tissue　栅栏组织　03.400

palmately compound leaf　掌状复叶　02.148

palmate vein　掌状脉　02.234

palmella　不定群体，＊胶群体　05.024

palynology　孢粉学　01.033

palynomorphology　孢粉形态学　14.001

pampas　阿根廷草原，＊潘帕斯群落　11.322

Pangaea　泛大陆　12.040

pangenesis　泛生论　01.084

panicle　圆锥花序　02.267

panicled spike　散穗花序　02.285

panicled thyrsoid cyme　密伞圆锥花序　02.278

panoxadiol　人参二醇　10.159

panoxatriol　人参三醇　10.160

pantocolpate　散沟的　14.039

pantoporate　散孔的　14.049

pantropical distribution　泛热带分布　12.045

papilionaceous corolla　蝶形花冠　02.381

papilla　乳突[毛]　03.112

pappus　冠毛　02.404

PAR　光合有效辐射　09.052

paraflagellar body　副鞭体　05.043

parallel vein　平行脉　02.232

paramo　帕拉莫群落　11.331

paramylum　副淀粉　05.085

paraphysis　侧丝　06:186

paraphysogone　产侧丝体　06.202

paraphysogonium　产侧丝体　06.202

paraphysoid　类侧丝　06.187

paraplectenchyma　假薄壁组织　06.044

parasexuality　准性生殖　06.022

parasitic algae　寄生藻类　05.005

parasitic plant　寄生植物　01.110

parasitic root　寄生根　02.025

parastichy　斜列线　02.141

parasyncolpate　副合沟的　14.037

parathecium　外囊盘被　06.168

paratracheal parenchyma　傍管薄壁组织　03.257

parenchyma　薄壁组织　03.059

parenthesome　桶孔覆垫　06.260

parichnos　通气道，＊通气痕　13.064

parietal cell　周缘细胞　04.098

parietal layer　周缘层　04.156

parietal placentation　侧膜胎座式　02.480

parthenocarpy　单性结实　04.037

parthenogenesis　孤雌生殖，＊单性生殖　04.029

partial veil　半包幕，＊内菌幕　06.307

γ-particle　γ粒　06.067

partitioning　分配　09.253

passage cell　通道细胞　03.354

passive absorption　被动吸收　09.181

pasture　牧场　11.145

pecopterid　栉羊齿型　13.040

pedestal　叶枕　02.198

pedicel　花梗　02.307，小柄　06.342

pedobiome　土壤生物群系　11.033

peduncle　花序梗　02.286

peel method　揭片法，＊撕片法　13.072

pellicular veil　丝膜状菌幕　06.308

pellis　膜皮　06.223

peloria　反常整齐花　02.317

peloton　卷枝吸胞　06.078

peltate hair　盾状毛　03.107

peltate leaf　盾状叶　02.169

penicillus　帚状枝　06.343

pentadelphous stamen　五体雄蕊　02.412

pentose phosphate pathway　戊糖磷酸途径，＊五碳糖磷酸途经　09.121

pepo　瓠果　02.532

peraphyllum　托叶　02.199

perception　感受　09.359

perennial plant　多年生植物　01.149

perfect flower　具备花　02.313

perfect state　完全阶段　06.025

perfoliate leaf　贯穿叶　02.168

perforation plate　穿孔板　03.251

perianth　花被　02.356，蒴萼　08.037

perianth tube　花被筒　02.357

periblastesis　藻胞囊，＊藻胞被　07.062

periblem　皮层原　03.047

pericarp　果皮　02.543

perichaetial bract　雌苞叶　08.016

perichaetial leaf　雌苞叶　08.016

perichaetium　雌[器]苞　08.019

periclinal division　平周分裂　01.211

periclinal wall　平周壁　03.434

pericycle　中柱鞘　03.355

pericyclic fiber　中柱鞘纤维　03.076

periderm　周皮　03.129

peridiole　小包　06.320

peridiolum　小包　06.320

peridium　[粘菌]孢囊被　06.006，包被　06.222

perienchyma　周边组织　03.052

perigonial bract　雄苞叶　08.017

perigynous flower　周位花　02.326

perigynous stamen　周位着生雄蕊　02.422

perimedullary region　环髓带，＊环髓区　03.395

perimedullary zone　环髓带，＊环髓区　03.395

perimeristem　周边分生组织　03.025

periphysis　缘丝　06.190

periphysoid　类缘丝　06.191

periplasm　[卵]周质　06.094

periplasmodial tapetum　周缘质团绒毡层　04.103

periplasmodium　周缘质团　04.102

periplast　周质体　06.095

perisperm　外胚乳　02.567

perispore　[孢子]周壁　06.057

perisporium　[孢子]周壁　06.057

peristomal teeth　蒴齿　08.029

peristome　蒴齿　08.029

perithecium　子囊壳　06.135

perivascular fiber　周维管纤维　03.077

permanent quadrat　永久样方　11.046

permanent wilting　永久萎蔫　09.174

permeability　透性　09.229

permeability coefficient　透性系数　09.230

permeable membrane　透性膜　09.231

persistent synergid　宿存助细胞　04.171

personate corolla　假面状花冠　02.384

petal　花瓣　02.391

petiole　叶柄　02.202

petiolule　小叶柄　02.203

petrified wood　石化木　13.024

PGF　花粉生长因素　04.135

phaenerophyte 高位芽植物 11.232

phaeospore 暗色孢子 06.359

phalanx 雄蕊束 02.426

phanerogams 显花植物 01.117

phasic development 阶段发育 09.319

phellem 木栓 03.131

phelloderm 栓内层 03.133

phellogen 木栓形成层 03.130

phelloid cell 拟木栓细胞 03.137

phenoecological spectrum 物候[生态]谱 11.138

phenological phenomenon 物候现象 11.139

phenylalkylamine alkaloid 苯基烷基胺类生物碱 10.014

pheophytin 褐藻素 05.083

phialide 瓶梗 06.347

phialidic 瓶梗[产孢]的 06.388

phialophore 瓶梗托 06.348

phialospore 瓶梗孢子 06.373

phlobaphene 鞣红 10.108

phloem 韧皮部 03.276

phloem fiber 韧皮纤维 03.073

phloem initial 韧皮部原始细胞 03.277

phloem island 韧皮部岛 03.284

phloem mother cell 韧皮部母细胞 03.278

phloem parenchyma 韧皮薄壁组织 03.300

phloem ray 韧皮射线 03.265

phorophyte 附载植物 01.109

photoactivation 光活化 09.018

photoactive reaction 光活化反应 09.019

photoautotroph 光自养生物 09.003

photoautoxidation 光自动氧化 09.017

photobiont 共生光合生物 07.074

photocatalyst 光催化剂 09.089

photochemical induction 光化学诱导 09.020

photoheterotroph 光异养生物 09.004

photoinduction 光诱导 09.320

photolysis 光解 09.075

photoperiodism 光周期现象 09.279

photophase 光照阶段 09.321

photophosphorylation 光合磷酸化 09.076

photoreactivation 光复活 09.021

photoreduction 光还原 09.022

photorespiration 光呼吸 09.097

photostage 光照阶段 09.321

photosynthate 光合产物 09.046

photosynthesis 光合作用 09.032

photosynthetically active radiation 光合有效辐射 09.052

photosynthetic carbon metabolism 光合碳代谢 09.063

photosynthetic carbon reduction cycle 卡尔文循环, *光合碳还原环 09.064

photosynthetic product 光合产物 09.046

photosynthetic quotient 光合商 09.040

photosynthetic unit 光合单位 09.041

photosystem 光系统 09.047

phototropism 向光性 09.360

photoxidation 光氧化 09.023

phragmobasidium 有隔担子 06.241

phragmoplast 成膜体 03.159

phragmospore 多隔孢子 06.353

phycobilin 藻胆素 05.063

phycobilisome 藻胆[蛋白]体 05.068

phycobiont 共生藻 07.075

phycocolloid 藻胶 05.062

phycocyanin 藻蓝蛋白 05.066

phycocyanobilin 藻蓝素 05.064

phycoerythrin 藻红蛋白 05.067

phycoerythrobilin 藻红素 05.065

phycology 藻类学 01.028

phycoplast 藻膜体 05.019

phygoblastema 变态粉芽 07.038

phylembryogenesis 胚胎系统发育 04.223

phyllidium 裂叶体 07.040, 拟叶体 13.061

phyllite 叶化石, *化石叶 13.032

phylloclade 叶状枝 02.087

phyllode 叶状柄 02.205

phyllome 叶性器官 02.113

phyllosphere 叶圈 11.194

phyllotaxy 叶序 02.131

phylogenesis 系统发育, *种系发生 01.079

phylogeny 系统发育, *种系发生 01.079

phylum 门 01.053

physical barrier 物理障碍 12.093

physiognomy 外貌 11.111

physiological acidity　生理酸性　09.232

physiological alkalinity　生理碱性　09.233

physiological barrier　生理障碍　09.024

physiological plant ecology　植物生理生态学　11.013

physiological strain　生理小种　12.028

phytochemical ecology　植物化学生态学　11.014

phytochemistry　植物化学　01.036

phytochorology　植物分布学　12.003

phytochrome　植物光敏素　09.322

phytocide　除草剂　09.313

phytocoenology　植物群落学　11.006

phytocoenosis　植物群落　11.021

phytocoenostics　植物群落学　11.006

phytoecdysteroid　植物蜕皮甾体　10.006

phytoecology　植物生态学　01.037

phytoferritin　植物铁蛋白　09.120

phytogeography　植物地理学　01.038

phytograph　林木结构图解　11.117

phytohormone　植物激素　09.323

phytolemma　植物皮膜　13.037

phytomass　植物量　11.251

phytopathology　植物病理学　01.040

phytosociology　*植物社会学　11.006

phytosphere　植物圈，*植被圈　11.193

phytotomy　植物解剖学　01.006

phytotron　人工气候室　09.009

picetum cladinosum(拉)　鹿蕊云杉林，*鹿石蕊云杉林　07.020

pileus　菌盖　06.298

pillar cell　柱状细胞　03.334

pinane derivative　蒎烷衍生物　10.095

pinetum cladinosum(拉)　鹿蕊松林，*鹿石蕊松林　07.019

pinna　羽片　02.122

pinnately compound leaf　羽状复叶　02.147

pinnate vein　羽状脉　02.233

pinnule　小羽片　02.123

pioneer community　先锋群落　11.028

pioneer species　先锋种　11.073

pionnotes　粘分生孢子团　06.330

piperidine alkaloid　哌啶类生物碱　10.019

pistil　雌蕊　02.450

pistillate flower　雌花　02.331

pistillode　退化雌蕊　02.454

pit　纹孔　03.204

pit aperture　纹孔口　03.213

pit border　纹孔缘　03.206

pit canal　纹孔道　03.210

pit cavity　纹孔腔　03.211

pit chamber　纹孔室　03.212

pith　髓　03.392

pith cast　髓模　13.036

pith fleck　髓斑　03.393

pith ray　髓射线　03.263

pit membrane　纹孔膜　03.208

pit-pair　纹孔对　03.205

pitted vessel　孔纹导管　03.231

pitting　纹孔式　03.244

placenta　胎座　02.477

placentation　胎座式　02.478

placodium　壳口组织　06.157，盾盖　06.158

plagioclimax　歧顶极，*偏途顶极　11.155

plakea　皿状体　05.025

planation　扁化　02.064

plant aetiology　植物病原学　01.041

plant allelochemicals　植物化感物质　10.002

plant anatomy　植物解剖学　01.006

plant autobiology　植物个体生物学　01.003

plant autoecology　植物个体生态学　11.003

plant biology　植物生物学　01.002

plant cell biology　植物细胞生物学　01.008

plant cell morphology　植物细胞形态学　01.010

plant cell physiology　植物细胞生理学　01.011

plant cell sociology　植物细胞社会学　01.012

plant cellular taxonomy　植物细胞分类学　01.024

plant chemosystematics　植物化学系统学　01.022

plant chemotaxonomy　植物化学分类学　01.021

plant chorology　植物分布学　12.003

plant chromosomology　植物染色体学　01.014

plant climatology　植物气候学　01.039

plant community　植物群落　11.021

plant comparative anatomy　植物比较解剖学　03.003

plant cytodynamics　植物细胞动力学　01.013

plant cytogenetics　植物细胞遗传学　01.009

plant cytology　植物细胞学　01.007

plant ecological anatomy　植物生态解剖学　03.006

plant ecological geography　植物生态地理学　12.002

plant ecology　植物生态学　01.037

plant ecology morphology　植物生态形态学　02.006

plant embryology　植物胚胎学　01.015

plant experimental morphology　植物实验形态学　02.005

plant experimental taxonomy　植物实验分类学　01.020

plant genecology　植物遗传生态学　11.010

plant genetics　植物遗传学　01.046

plant geography　植物地理学　01.038

plant histology　植物组织学　03.001

plant history　植物历史学　01.043

plantlet　小植物，＊小植株　01.142

plant micromolecular systematics　植物小分子系统学　01.017

plant molecular taxonomy　植物分子分类学　01.026

plant morpho-anatomy　植物形态解剖学　02.001

plant morphology　植物形态学　01.005

plant numerical taxonomy　植物数值分类学　01.025

plant organography　植物器官学　02.002

plant pathological anatomy　植物病理解剖学　03.005

plant pathology　植物病理学　01.040

plant phenogenetics　植物发育遗传学　01.047

plant phylembryogenesis　植物胚胎系统发育学　04.003

plant physioecology　植物生理生态学　11.013

plant physiological anatomy　植物生理解剖学　03.004

plant physiology　植物生理学　01.035

plant population ecology　植物种群生态学　11.004

plant quantitive ecology　植物数量生态学　11.011

plant reproduction biology　植物生殖生物学　04.004

plant science　植物学　01.001

plant serotaxonomy　植物血清分类学　01.023

plant synecology　植物群落生态学　11.005

plant systematics　系统植物学　01.016

plant taxonomy　植物分类学　01.019

plant teratology　植物畸形学　02.003

plant toxicology　植物毒理学　01.042

plant virology　植物病毒学　01.027

plasmatoogosis　[原质]肿胞　06.102

plasmodesma　胞间连丝　03.444

plasmodiocarp　联囊体　06.003

plasmodium　原质团　06.001

plasmogamospore　锈孢子，＊春孢子　06.282

plasmolysis　质壁分离　09.127

plate meristem　板状分生组织　03.026

platyclade　扁化枝　02.086

platycodin　桔梗皂苷，＊桔梗皂贰　10.153

plectenchyma　密丝组织　06.043

plectostele　编织中柱　03.373

pleiochasium　多歧聚伞花序　02.273

pleomorphism　复型[现象]　06.032

pleomorphy　复型[现象]　06.032

plerome　中柱原　03.048

pleuronematic type　茸鞭型　05.036

pleurorhizal embryo　胚根缘倚胚　02.568

plumule　胚芽　02.580

plurilocular sporangium　多室孢子囊　05.122

plurispore　多室孢子　05.119

pod　荚果　02.511

poikilohydric plant　变水植物　11.204

point-centered quarter method　点四分法　11.054

point-intercept method　样点截取法　11.051

polar axis　极轴　14.076

polarity　极性　01.195

polar nucleus　极核　04.175

polar translocation　极性运输　09.325

polar view　极面观　14.077

pole 极 14.075

pollen 花粉 04.110

pollen chamber 贮粉室 04.059

pollen grain 花粉粒 04.111

pollen growth factor 花粉生长因素 04.135

pollenkitt 花粉鞘 04.125

pollen mother cell 花粉母细胞 04.113

pollen sac 花粉囊 02.445

pollen tube 花粉管 04.112

pollination 传粉 04.005

pollination drop 传粉滴 04.010

pollinator 传粉者, * 授粉者 04.006

pollinium 花粉块 14.011

polyacetylene 多炔 10.008

polyad 多合花粉 14.010

polyadelphous stamen 多体雄蕊 02.413

polyarch 多原型 03.362

polyclimax 多[元]顶极 11.151

polycolporate 多孔沟的 14.052

polycyclic stele 多环式中柱 03.377

polyderm 复周皮, * 复皮层 03.139

polydominant community 多优种群落 11.027

polyembryony 多胚现象 04.250

polyene alcohol 多烯醇 10.102

polyene hydrocarbon 多烯烃 10.101

polyene hydrocarbon epoxide 多烯烃环氧化物 10.104

polyene ketone 多烯酮 10.103

polyene pigment 多烯色素 10.100

polygamy 杂性 02.343

polygenesis 多元发生[论] 12.082

polyketide 聚酮化合物 10.007

polyphenol 多酚 10.129

polyphylesis 多元发生[论] 12.082

polyporate 多孔的 14.048

polyspermy 多精入卵 04.203

polyspory 多孢子现象 04.052

polystele 多体中柱 03.375

polytelome 复顶枝 02.061

polyterpene 多萜 10.071

polytopic origin 多境起源 12.084

pome 梨果 02.537

population 种群 11.099

population dynamics 种群动态 11.100

population effect 群体效应 04.131

population growth 种群增长 11.102

population structure 种群结构 11.101

pore 管孔 03.235, 孔 14.042

pore chain 孔链 03.237

pore cluster 孔团 03.236

pore membrane 孔膜 14.062

poricidal dehiscence 孔裂 02.443

poroconidium 孔出分生孢子 06.374

porogamy 珠孔受精 04.192

porogenous 孔生[产孢]的 06.391

poroid 拟孔 14.043

porometer 气孔计 09.159

porous vessel 单穿孔导管 03.232

porous wood 有孔材 03.178

porus 孔 14.042

porus membrane 孔膜 14.062

post-harvest physiology 采后生理 09.324

postical lobe 腹瓣 08.009

potential natural vegetation 潜在自然植被 11.269

po[te]tometer 蒸腾计 09.160

p-protein p-蛋白 03.297

praefloration 花被卷叠式 02.360

prairie 北美草原, * 普雷里群落 11.321

preferential species 适宜种 11.063

preheart-shape embryo 前心形胚 04.234

preparathecium 前果壳 07.047

prepollen 前花粉 14.006

presence 存在度 11.085

pressure flow 压流 09.252

pressure potential 压力势 09.155

primary canal cell 初生沟细胞 04.069

primary endosperm cell 初生胚乳细胞 04.219

primary endosperm nucleus 初生胚乳核 04.220

primary glycoside 初级苷, * 初级甙 10.133

primary growth 初生生长 03.037

primary leaf 初生叶 02.151

primary meristem 初生分生组织 03.019

primary mycelium 初生菌丝体 06.254

primary neck cell　初生颈细胞　04.068

primary phloem　初生韧皮部　03.279

primary phloem fiber　初生韧皮纤维　03.074

primary pit　初生纹孔　03.442

primary pit field　初生纹孔场　03.443

primary plant body　初生植物体　03.009

primary production　第一性生产量　11.253

primary productivity　第一性生产力　11.254

primary root　初生根　03.342

primary sere　原生演替系列　11.162

primary structure　初生结构　03.011

primary succession　原生演替　11.169

primary suspensor　初生胚柄　04.238

primary universal veil　原菌幕，＊初生外菌
幕　06.309

primary vascular tissue　初生维管组织
03.146

primary wall　初生壁　03.439

primary wall cell　初生壁细胞　04.097

primary xylem　初生木质部　03.163

primordial veil　原菌幕，＊初生外菌幕
06.309

primordium　原基　03.396

prisere　原生演替系列　11.162

prismatic crystal　棱晶[体]　03.425

proangiosperm　前被子植物　13.050

proanthocyanidin　原花色素，＊原花色甙元
10.113

probasidium　先担子　06.234

procambium　原形成层　03.149

procarp　原子囊果　06.132

procumbent ray cell　横卧射线细胞　03.274

prodophytium　先锋群落　11.028

productivity　生产力　09.010

proembryo　原胚　04.229

proembryonal tube　原胚管　04.230

proendospermous cell　原胚乳细胞　04.218

progametangium　原配子囊·06.119

progressive succession　进展演替　11.175

progymnosperm　前裸子植物　13.049

promeristem　原分生组织　03.018

promycelium　先菌丝　06.245

pronucleus　原核　04.211

propagulum　繁殖体　05.015

proper exciple　固有盘壁，　＊果壳　07.049

properistome　前蒴齿　08.030

proper margin　固有盘缘，＊果壳缘部
07.050

prophyll　先出叶　02.150

prop root　支柱根　02.020

prosapogenin　前皂苷配基，＊次皂甙元
10.155

pros[oplect]enchyma　疏丝组织　06.045

prosuspensor　原胚柄　04.237

prosuspensor tier　原胚柄层　04.241

protective layer　保护层　03.406

protective tissue　保护组织　03.066

[proteinaceous] pellicle　[蛋白质]表膜　04.130

prothallial cell　原叶细胞　04.077

prothecium　原囊壳　06.136

protobasidium　原担子　06.244

protoberberine alkaloid　原小檗碱类生物碱
10.026

protoblem　原菌幕，＊初生外菌幕　06.309

protocetraric acid　原岛衣酸　07.068

protocorm　原球茎，＊原基体　04.227

protoderm　原表皮层　03.046

protogyny　雌蕊先熟　02.342

protonema　原丝体　08.040

proton pump　质子泵　09.234

protopanoxadiol　原人参二醇　10.161

protophloem　原生韧皮部　03.280

protopine alkaloid　前托品类生物碱　10.027

protosexuality　原性生殖　06.023

protosporophore　原孢子梗　06.335

protostane type　原萜烷型　10.089

protostele　原生中柱　03.368

protosterigma　原小梗　06.247

protoxylem　原生木质部　03.164

protoxylem lacuna　原生木质部腔隙　03.167

protoxylem pole　原生木质部极　03.165

pro-Ubisch body　原乌氏体　04.109

proximal face　近极面　14.080

proximal pole　近极　14.078

psammophyte　沙生植物　01.132

pseudobulb　假鳞茎　02.049

pseudobulbil　假珠芽　02.109

pseudocolumella　假蒴轴　08.035

pseudo-cyclic photophosphorylation 假循环光合磷酸化 09.079

pseudocyphella 假杯点 07.043

pseudoepithecium 假囊层被 06.163

pseudofilament 假丝体 05.013

pseudoflagellum 拟鞭毛 05.042

pseudomixis 假融合 04.209

pseudoparaphyses-like centrum remnants 假侧丝状果心残留丝 06.193

pseudoparaphysis 假侧丝 06.188

pseudoparenchyma 假薄壁组织 06.044

pseudoperianth 假蒴萼 08.038

pseudoperithecium 假子囊壳 06.146

pseudopod[ium] 伪足 06.021

pseudospore 假孢子 06.018

pseudothecium 假子囊果 06.142

psychrophyte 高山寒土植物，＊高寒植物 11.206

pteridology 蕨类植物学 01.032

ptyosome 逸质体 06.080

pulp 果肉 02.547

puna 普纳群落 11.332

purine alkaloid 嘌呤类生物碱 10.038

purse 小包袋 06.322

pustulan 石耳素 07.065

pusule 搏动泡 05.047

pycnidiophore 分生孢子器梗 06.336

pycnidiospore 器孢子 06.368

pycnidium 分生孢子器 06.327

pycniospore 性孢子 06.281

pycnium 性孢子器 06.275

pycnothecium 拱盾状囊壳 06.149

pycnothyrium 分生孢子盾 06.328

pyrenocarp 核菌果 06.134

pyrenoid 淀粉核，＊蛋白核 05.084

pyrenolichen 核地衣 07.007

pyrethroid 拟除虫菊酯 10.012

pyric climax 火烧顶极 11.153

pyridine alkaloid 吡啶类生物碱 10.018

pyritized plant 黄铁矿化植物 13.020

pyrophyte 耐火植物 11.220

pyrrolidine alkaloid 吡咯烷类生物碱 10.015

pyrrolizidine alkaloid 双吡咯烷类生物碱 10.017

pyxidium 盖果 02.515

pyxis 盖果 02.515

Q

quadrat 样方 11.040

quantum efficiency 量子效率 09.048

quantum requirement 量子需量 09.049

quantum yield 量子产额 09.050

quassin 苦木素 10.010

quiescent center 静止中心，＊不活动中心 03.049

quinazoline alkaloid 喹唑啉类生物碱 10.036

quincuncial 双盖覆瓦状 02.364

quinoline alkaloid 喹啉类生物碱 10.062

quinolizidine alkaloid 喹嗪烷类生物碱 10.020

R

raceme 总状花序 02.260

rachiform 具之形轴的 06.393

rachilla 小穗轴 02.289

rachis 叶轴 02.193、花序轴 02.287

radial migration 放射型迁移，＊辐射型迁移 12.068

radial section 径切面 01.208

radial system 径向系统 03.195

radial wall 径向壁 03.435

radiate vein 辐射脉 02.236

radical inflorescence 根生花序 02.253

radicite 化石根 13.030

radicle 胚根 02.575

raduliform 齿舌状的 06.394

rain forest 雨林 11.302

ramellus 小枝 02.079

ramentum 小鳞片 02.186

ramification 分枝式 02.070

ramiform pit　分枝纹孔　03.218

ramoconidium　枝分生孢子　06.365

ramulus　副枝　02.081

random pairs method　随机对法　11.053

raphe　种脊　02.563

raphide　针晶体　03.421

raphide idioblast　针晶异细胞　03.423

raphide sac　针晶囊　03.424

raphidian cell　针晶细胞　03.422

raphidian idioblast　针晶异细胞　03.423

rare plant　稀有植物，＊珍稀植物　12.008

ray　伞幅，＊伞形花序枝　02.291，射线　03.262

ray flower　边花　02.337

ray initial　射线原始细胞　03.152

ray parenchyma　射线薄壁组织　03.275

ray system　射线系统　03.196

ray tracheid　射线管胞　03.201

reaction center　作用中心　09.042

reaction wood　应力木，＊反应木　03.191

receptacle　花托　02.353，生殖托　05.134，孢托，＊子层托　06.313

receptacle of inflorescence　花序托　02.290

receptaculum　孢托，＊子层托　06.313

receptive body　受精体　06.210

receptive hypha　受精丝　06.204

receptive papilla　受精突　06.097

recognition protein　识别蛋白　04.134

recognition reaction　识别反应　04.133

red drop　红降　09.051

redifferentiation　再分化　01.187

red tide　赤潮　05.009

regeneration　再生　01.188

region　区　01.076

regular flower　整齐花　02.315

rejection reaction　拒绝反应，＊排斥反应　04.132

relevé　样地记录[表]　11.132

relic[t] species　孑遗种，＊残遗种　12.017

renewable resources　可再生资源，＊可更新资源　11.258

replum　胎座框　02.488

reproductive organ　生殖器官　01.167

reservoir　储蓄泡　05.031

residual meristem　剩余分生组织　03.030

resin　树脂　10.086

resin canal　树脂道　03.322

resin cavity　树脂腔　03.323

resin cell　树脂细胞　03.320

resin duct　树脂道　03.322

resistance　抗性　09.371

resistant sporangium　厚垣孢子囊　06.087

respiration　呼吸[作用]　09.090

respiratory quotient　呼吸商　09.094

respiratory rate　呼吸速率　09.091

respiratory root　呼吸根　02.028

respirometer　呼吸计　09.092

response　响应　09.361

resting sporangium　休眠孢子囊　06.088

resting spore　休眠孢子　06.052

restitution nucleus　再组核，＊复组核　04.181

restoration ecology　重建生态学　11.012

reticular vein　网状脉　02.231

reticulated tracheid　网状管胞　03.203

reticulate perforation　网状穿孔　03.243

reticulate thickening　网纹加厚　03.174

reticulate vessel　网纹导管　03.234

retinaculum　着粉腺，＊粘盘，＊着粉盘　02.448

re[tro]gressive succession　退化演替　11.176

rheophyte　流水植物　11.212

rhexigenous space　破生间隙　03.314

rhipidium　扇状聚伞花序　02.282

rhizocaline　成根素　09.335

rhizodermis　根被皮　03.344

rhizoid　假根　02.035

rhizome　根[状]茎　02.045

rhizomorph　菌索　06.039

rhizomycelium　根状菌丝体　06.100

rhizophore　根托　02.036

rhizoplast　根丝体　06.064

rhizosphere　根际　09.235

rhodea type　须羊齿型　13.047

rhodomorphin　红形素　05.081

rhythm　节律　09.327

rhytidome　落皮层　03.140

rib meristem　肋状分生组织　03.029

richness index　多样性指数，＊丰富度指数

11.097

rima 缝裂孔口 06.156

ring 菌环 06.304

ring bark 环状树皮 03.127

ringed vessel 环纹导管 03.229

ring girdling 环割 09.248

ring-porous wood 环孔材 03.180

root 根 01.153

root cap 根冠 03.333

root crown 根颈 02.037

root hair 根毛 03.347

root-hair region 根毛区 03.339

root-hair zone 根毛区 03.339

root leaf 根出叶 02.154

root nodule 根瘤 02.587

root pressure 根压 09.254

root sheath 根鞘 03.346

root / shoot ratio 根冠比 09.328

root sprout 根蘖 02.016

root-stem transition region 根茎过渡区 03.341

root-stem transition zone 根茎过渡区 03.341

root sucker 根出条 02.015

root system 根系 02.007

root tip 根尖 03.332

root trace 根迹 03.363

root tuber 块根 02.034

root tubercle 根瘤 02.587

rosette cell 莲座细胞 04.243

rosette embryo 莲座胚 04.244

rosette leaf 莲座叶 02.158

rosette phyllotaxy 莲座状叶序 02.138

rosette plant 莲座状植物 11.239

rosette sand crystal 莲座状沙晶 03.429

rosette tier 莲座层 04.242

rostrum 喙 08.026

rosulate phyllotaxy 莲座状叶序 02.138

rotate corolla 轮状花冠 02.379

rotenoid 鱼藤酮类化合物 10.009

rotenone 鱼藤酮 10.127

RQ 呼吸商 09.094

ruderal plant 杂草植物 11.225

ruminate endosperm 嚼烂状胚乳 02.565

rumposome 孢尾体 06.066

runner 纤匐枝 02.084

rutin 芸香苷，＊芦丁，＊芸香甙 10.154

rutoside 芸香苷，＊芦丁，＊芸香甙 10.154

S

sacculate cephalodium 囊状衣瘿 07.045

saccus 气囊 14.086

saikoside 柴胡皂苷，＊柴胡皂甙 10.149

salicin 水扬苷，＊水扬甙 10.148

salt gland 盐腺 03.407

salt respiration 盐呼吸 09.099

samara 翅果 02.521

[sample] plot 样地，＊标准地 11.039

sampling point 样点 11.048

sand crystal 沙晶 03.428

sand culture 沙培 09.236

sap flow 液流 09.256

sapogenin 皂苷配基，＊皂甙元 10.144

saponin 皂苷，＊皂甙 10.143

sap pressure 液压 09.255

saprophyte 腐生植物 01.111

saprophytic plant 腐生植物 01.111

saprophytic root 腐生根 02.026

sapwood 边材 03.182

sarcocarp 肉果 02.530，果肉 02.547

savanna 稀树草原，＊萨瓦纳群落 11.326

scalariform conjugation 梯形接合 05.090

scalariform-opposite pitting 梯状-对列纹孔式 03.247

scalariform perforation 梯状穿孔 03.242

scalariform pitting 梯状纹孔式 03.246

scalariform thickening 梯纹加厚 03.173

scalariform vessel 梯纹导管 03.233

scale 鳞片 02.184

scale bark 鳞状树皮 03.128

scale leaf 鳞叶 02.177

scaly bud 鳞芽 02.106

scanty parenchyma 稀疏薄壁组织 03.261

scape 花葶 02.306

scar tissue　瘢痕组织　03.071

schizocarp　分果　02.525

schizogenesis　裂殖[作用]　05.087

schizogenous space　裂生间隙　03.311

schizo-lysigenous space　裂溶生间隙　03.313

sclereid　石细胞　03.083

sclerenchyma　厚壁组织　03.069

sclerocarp　菌核果　06.063

sclerophyllous forest　硬叶林　11.306

sclerotic fiber　硬化纤维　03.082

sclerotic tissue　硬化组织　03.070

sclerotium　菌核　06.062

scolecospore　线形孢子　06.355

scorpioid cyme　蝎尾状聚伞花序　02.281

scotospore　暗色孢子　06.359

scrub　灌丛　11.316

sculptural element　雕纹分子　14.058

sculpture　雕饰　14.057

scutellum　盾片　02.582，盾盖　06.158

scyphus　杯体　07.041

seasonal aspect　季相　11.140

seasonal isolation　季节隔离　12.064

secoiridoid　裂环烯醚萜类化合物　10.073

secoiridoid glycoside　裂环烯醚萜苷，＊裂环
烯醚萜甙　10.075

secondary cortex　次生皮层　03.350

secondary glycoside　次级苷，＊次级甙
10.134

secondary growth　次生生长　03.038

secondary meristem　次生分生组织　03.020

secondary metabolism　次生代谢　09.119

secondary mycelium　次生菌丝体　06.255

secondary nucleus　次生核　04.180

secondary phloem　次生韧皮部　03.285

secondary plant body　次生植物体　03.010

secondary root　次生根　03.343

secondary sere　次生演替系列　11.163

secondary structure　次生结构　03.012

secondary succession　次生演替　11.170

secondary suspensor　次生胚柄　04.239

secondary thickening　次生加厚　03.170

secondary vascular tissue　次生维管组织
03.147

secondary wall　次生壁　03.440

secondary xylem　次生木质部　03.175

secretory canal　分泌道　03.316

secretory cavity　分泌腔　03.315

secretory cell　分泌细胞　03.302

secretory hair　分泌毛　03.110

secretory tapetum　分泌绒毡层　04.104

secretory tissue　分泌组织　03.301

section　组　01.065

seed　种子　01.159

seed coat　种皮　02.559

seedling　幼苗　01.161

segment　细裂片，＊碎片　02.211

seismonastic movement　感震运动　09.346

selective absorption　选择吸收　09.182

selective permeability　选择透性　09.238

selective species　偏宜种　11.064

self-compatibility　自交亲和性　04.182

self-fertilization　自花受精　04.190

self-pollination　自花传粉　04.007

self-sterility　自花不稔性　04.183

self-thinning　自然稀疏　11.107

semimixis　半融合　04.208

seminal root　种子根　02.017

seminatural vegetation　半自然植被　11.270

seminiferous scale　种鳞，＊果鳞　02.556

semipermeable membrane　半透膜　09.239

semi-ring-porous wood　半环孔材　03.181

senecio alkaloid　千里光属生物碱　10.050

senescence　衰老　01.191

sensitive plant　敏感植物　11.218

sepal　萼片　02.371

separation disc　[隔]离盘　05.016

septal pore apparatus　隔孔器　06.258

septal pore cap　桶孔覆垫　06.260

septal pore plug　隔孔塞　06.261

septal pore swelling　桶孔隔膜　06.259

septate fiber　分隔纤维　03.081

septate fiber tracheid　分隔纤维管胞　03.200

septate tracheid　分隔管胞　03.199

septate wood fiber　分隔木纤维　03.079

septum　隔膜　02.476

sere　演替系列　11.159

sere variant　演替系列变型　11.160

series　系　01.067

sessile leaf　无柄叶　02.174

seta　刚毛　02.238

sex hormone　性激素　09.329

sexine　外壁外层　14.014

sex-reversal　性反转　04.038

sexual cell　性细胞　04.055

sexual cycle　性周期，　＊生殖周期　04.024

sexual generation　有性世代　05.102

sexual reproduction　有性生殖　04.025

shade density　郁闭度　11.088

shade-enduring plant　耐阴植物　11.209

shade leaf　阴生叶　02.166

shade plant　阴生植物　01.129

Shanwang Miocene flora　山旺中新世植物区系，
　＊山旺中新世植物群　13.010

shell zone　壳状区　03.054

short day　短日照　09.331

short day plant　短日[照]植物　09.333

shrub　灌木　01.144

shrubland　疏灌丛　11.317

side body　侧泡体　06.068

sieve area　筛域　03.291

sieve cell　筛胞　03.287

sieve element　筛分子　03.286

sieve plate　筛板　03.290

sieve pore　筛孔　03.292

sieve tube　筛管　03.288

silica cell　硅质细胞　03.136

silicalemma　硅质囊膜　05.059

silicate body　硅酸体　03.432

silicified plant　硅化植物　13.022

silicified wood　硅化木　13.025

silicle　短角果　02.513

silique　长角果　02.514

simple flower　单瓣花　02.319

simple fruit　单[花]果　02.499

simple hair　单毛　03.102

simple inflorescence　[简]单花序　02.254

simple leaf　单叶　02.144

simple perforation　单穿孔　03.240

simple pistil　单雌蕊　02.452

simple pit　单纹孔　03.217

simple polyembryony　简单多胚[现象]　04.251

simple quinoline alkaloid　简单喹啉类生物碱
10.034

simultaneous type　同时型　04.120

single bud　单芽　02.094

sink　壑　09.258

siphonogamy　粉管受精　04.196

siphonostele　管状中柱　03.369

skeletal hyphae　骨架菌丝　06.293

sliding growth　滑过生长　03.041

slime body　粘液体　03.295

slime plug　粘液塞　03.296

smut ball　黑粉菌孢子球　06.289

smut spore　黑粉菌孢子　06.287

sociability　群集度　11.087

sociation　基群丛　11.280

softwood　针叶材，　＊软材　03.186

solenostele　疏隙管状中柱　03.371

solid style　实心花柱　04.137

solitary flower　单生花　02.247

solitary pore　单管孔　03.238

solution culture　水培　09.237

somatic embryo　体细胞胚　04.259

soredium　粉芽　07.036

sorocarp　孢团果　06.011

sorocyst　无柄孢团果　06.012

sorophore　孢团果柄　06.013

sorosis　椹果　02.501

sorus　孢子堆　06.083

source　源　09.257

spadix　肉穗花序，　＊佛焰花序　02.262

spathe　佛焰苞　02.296

spatial isolation　空间隔离　12.063

speciation　物种形成　01.089

species　种　01.069

species-area curve　种-面积曲线　11.057

species saturation　种饱和度　11.090

sperm　精子　04.088

spermagone　性孢子器　06.275

spermagonium　性孢子器　06.275

spermatiophore　产精体　06.196

spermatium　不动精子　06.199，性孢子
06.281

spermatocyte　精母细胞　04.096

spermatogenesis　精子发生　04.094

spermatogenous cell　精原细胞　04.095

spermatozoid 游动精子 04.089

sperm cell 精细胞 04.087

spermidium 精子座 06.197

spermo-nucleus 精核，* 雄核 04.091

spermospore 精孢子 06.198

sphenopterid 楔羊齿型 13.042

spicule 梗尖 06.248

spiculum 梗尖 06.248

spike 穗状花序 02.259

spikelet 小穗 02.288

spine 刺 02.181

spiral phyllotaxy 螺旋状叶序 02.137

spiral thickening 螺纹加厚 03.172

spiral vessel 螺纹导管 03.230

spiraperture 螺旋状萌发孔 14.028

spirolobal embryo 子叶螺卷胚 02.571

spirotreme 螺旋状萌发孔 14.028

spongy tissue 海绵组织 03.401

sporangiocarp 孢囊果 06.104

sporangiocyst 休眠孢子囊 06.088

sporangiole 小型孢子囊 06.105

sporangiolum 小型孢子囊 06.105

sporangiophore 孢囊梗 06.110

sporangiosorus 孢囊堆 06.084

sporangiospore 孢囊孢子 06.091

sporangium 孢子囊 05.120

spore 孢子 05.106，芽孢 06.050

spore ball 黑粉菌孢子球 06.289

spore mother cell 孢子母细胞 04.044

sporidium [黑粉菌]小孢子 06.288

sporocarp 孢子果，* 子实体 06.046

sporocladium 梳状孢梗 06.114

sporoderm[is] 孢[粉]壁 14.013

sporodochium 分生孢子座 06.331

sporogenesis 孢子发生 04.041

sporogenous cell 造孢细胞 04.043

sporogenous filament 造孢丝 05.131

sporogenous thread 造孢丝 05.131

sporogenous tissue 造孢组织 04.042

sporophore 孢子梗 06.047

sporophyte 孢子体 05.104

sporophyte generation * 孢子体世代 05.103

sporoplasm 孢原质 06.053

sporopollenin 孢粉素，* 孢粉质 14.004

spring wood 早材，* 春材 03.184

spur [枝]距 02.090，瓣距 02.403

squalene 角鲨烯 10.079

squamule 小鳞片 02.186

stage of succession 演替阶段 11.149

stagnophile 静水生物 11.211

stalk cell 柄细胞 04.076

stamen 雄蕊 02.405

staminate flower 雄花 02.332

staminate strobilus 小孢子叶球，* 雄球花 02.305

staminode 退化雄蕊 02.425

stand 群落地段，* 林分 11.036

standard 旗瓣 02.394

standing crop 现存量 11.255

stand structure 群落地段结构，* 林分结构 11.142

starch grain 淀粉粒 03.411

starch sheath 淀粉鞘 03.386

statocyte 平衡细胞 03.335

statolith 平衡石 03.336

staurospore 星状孢子 06.357

stelar theory 中柱学说 03.366

stele 中柱 03.365

steliogen 生柄原 06.010

stellate cell 星状细胞 03.097

stellate hair 星状毛 02.244

stem 茎 01.154

stem apex 茎端 03.016

stem flow 茎流 11.143

stem leaf 茎生叶 02.153

stemless plant 无茎植物 01.115

stemona alkaloid 百部属生物碱 10.055

stenochoric species 窄域种 11.137

stenotopic species 窄幅种 11.135

stephanocyst 冠囊体 06.251

stephanokont 轮生鞭毛 05.040

steppe 草原 11.291

sterigma 叶座 02.192，小梗 06.246

sterile frond 不育叶 02.120

sterile leaf 不育叶 02.120

sterile pinna 不育羽片 02.127

sterile pinnule 不育小羽片 02.128

steroid alkaloid 甾体类生物碱 10.040

sterol alkaloid　甾醇类生物碱　10.039

stevioside　蛇菊苷，＊蛇菊甙，＊卡哈苡苷　10.147

stichobasidium　纵锤担子　06.239

stigma　柱头　02.461，眼点　05.033

stigma hair　柱头毛　02.462

stigmatic papilla　柱头乳突　04.128

stigmatoid tissue　类柱头组织　04.129

stilt hypha　支撑菌丝　06.218

stimulus　刺激　09.362

stinging hair　蜇毛　03.106

stipe　[菌]柄　06.302

stipel　小托叶　02.200

stipular sheath　托叶鞘　02.201

stipule　托叶　02.199

stocking　立木度　11.091

stolon　匍匐茎　02.044，匍匐丝　06.127

stoma　气孔　03.087

stomatal apparatus　气孔器　03.088

stomatal conductance　气孔导度　09.162

stomatal resistance　气孔阻力　09.161

stomatal transpiration　气孔蒸腾　09.163

stomatic chamber　气孔室　03.091

stone　核　02.552

stone cell　石细胞　03.083

storage root　贮藏根　02.031

storage tissue　贮藏组织　03.061

storied bud　叠生芽，＊并立芽　02.095

storied cambium　叠生形成层　03.157

storied cork　叠生木栓　03.132

storied ray　叠生射线　03.269

story　层　11.113

strain　品系　01.074

strangler　绞杀植物，＊毁坏植物　11.242

stratification　成层现象　11.112

stratum　层　11.113

stress　胁迫　09.364

stress physiology　胁迫生理　09.365

stress−tolerant plant　耐拥挤植物　11.227

stroma　子座　06.061

stromatolite　叠层石　13.059

strophanthus cardiac glycoside　毒毛旋花子类强心苷，＊毒毛旋花子类强心甙　10.140

structural botany　结构植物学　03.002

stylar canal　花柱道　04.139

style　花柱　02.463

styloid　柱状晶[体]　03.426

stylospore　柄孢子　06.126

stylus　副体　08.012

subclass　亚纲　01.056

subclimax　亚顶极　11.157

subdivision　亚门　01.054

suberification　栓化[作用]　03.134

suberization　栓化[作用]　03.134

subfamily　亚科　01.060

subgenus　亚属　01.064

subicle　菌丝层　06.060

subiculum　菌丝层　06.060

subkingdom　亚界　01.052

sublecanorine type　亚茶渍型　07.056

submerged plant　水底植物，＊沉水植物　11.213

suborder　亚目　01.058

subordinate species　从属种　11.077

subpetiolar bud　叶柄下芽　02.097

subphylum　亚门　01.054

subregion　亚区　01.077

subsection　亚组　01.066

subsere　次生演替系列　11.163

subseries　亚系　01.068

subshrub　半灌木，＊亚灌木　01.145

subsidiary cell　副卫细胞　03.090

subspecies　亚种　01.070

subsporangial swelling　孢囊下泡　06.112

substitute species　替代种　12.022

subtending leaf　苞叶　02.178

subterraneous stem　地下茎　02.041

subtribe　亚族　01.062

succession　演替　11.167

successional pattern　演替图式　11.182

succession of syngenesis　群落发生演替　11.177

successive type　连续型　04.121

succubous　蔽后式的　08.006

succulent　肉质植物　01.128

succulent fruit　多汁果　02.539

sucker　吸根　02.038

suction force　吸水力　09.157

suction tension　吸水力　09.157

suffrutex(拉)　半灌木，＊亚灌木　01.145

sulcus　槽　14.053

summer green forest　落叶阔叶林，＊夏绿林 11.303

summer wood　晚材，＊夏材　03.185

sun leaf　阳生叶　02.165

sun plant　阳生植物　01.130

super-female　超雌性　04.040

superficial placentation　全面胎座式　02.485

superior ovary　上位子房　02.469

superkingdom　超界　01.051

super-male　超雄性　04.039

surface meristem　表面分生组织　03.027

susceptibility　敏感性　09.011

suspended placentation　悬垂胎座式　02.487

suspensor　胚柄　02.574，配囊柄　06.122

suspensor embryo　胚柄胚　04.258

suspensor haustorium　胚柄吸器　04.247

suspensor tier　胚柄层　04.240

swamp　木本沼泽　11.296

swamp ecotype　沼泽生态型　11.126

swarm cell　游动细胞　06.016

sylva　森林　11.290

symbiont　共生成分，＊共生成员　01.193

symbiosis　共生　01.192

symbiotic nitrogen fixation　共生固氮作用 09.217

symbiotic nitrogen fixer　共生固氮生物 09.218

symbiotic plant　共生植物　01.140

symmetry　对称[性]　01.197

symplast　共质体　09.259

symplastic translocation　共质体运输　09.260

sympodial branching　合轴分枝　02.072

sympodioconidium　合轴孢子　06.366

sympodula　合轴产孢细胞　06.385

sympodulospore　合轴孢子　06.366

symptom　症状　09.012

synanamorph　共无性型　06.030

synandrium　聚药　02.438

synantherous stamen　聚药雄蕊　02.414

synarthropic plant　伴人植物　11.221

syncarp　合心皮果　02.503

synchronogamy　雌雄花同熟　02.339

syncolpate　合沟的　14.036

syndynamics　群落动态学　11.007

synergid　助细胞　04.169

synergid embryo　助细胞胚　04.255

synergid haustorium　助细胞吸器　04.172

synergism　协同作用，＊增效作用　09.187

syngamy　配子配合　04.197

syngenesious stamen　聚药雄蕊　02.414

syngenetic succession　群落发生演替　11.177

syngeography　群落地理学　11.008

synnema　束丝　06.332

synpetal　合瓣　02.393

synpetalous flower　合瓣花　02.322

synsepal　合[片]萼　02.368

syntaxon　群落分类单位　11.287

syntelome　复合顶枝　02.057

synusium　层片　11.114

systematic botany　系统植物学　01.016

T

tactile hair　触觉毛　03.115

tactile papilla　触觉乳头　03.113

tactile pit　触觉窝　03.114

taeniopterid　带羊齿型　13.048

taiga　泰加林，＊北方针叶林　11.311

talus succession　岩屑堆演替　11.180

tangential section　弦切面，＊切向切面 01.209

tangential wall　弦向壁，＊切向壁　03.436

tannase　鞣酶　10.107

tannic acid　鞣酸　10.106

tannin　鞣质，＊单宁　10.105

tannin cell　鞣质细胞，＊单宁细胞　03.414

tannin red　鞣红　10.108

tapetal membrane　绒毡层膜　04.105

tapetum　绒毡层　04.101

taproot　直根　02.010

taproot system　直根系　02.011

taxis 趋性 09.350

taxon 分类单位，* 分类群 01.049

TDP 热致死点 09.013

tea saponin 茶叶皂苷，* 茶叶皂甙 10.151

tectate-imperforate 覆盖层-无穿孔的 14.024

tectate-perforate 覆盖层-具穿孔的 14.023

tectum 覆盖层 14.021

tele[o]blem 外菌幕 06.310

teleomorph 有性型 06.028

teleutosorus 冬孢子堆 06.279

teleutospore 冬孢子 06.284

teleutosporodesma 冬孢子 06.284

teliospore 冬孢子 06.284

telium 冬孢子堆 06.279

telome 顶枝 02.056

telome system 顶枝系统 02.058

telome theory 顶枝学说 02.054

telome trusse 顶枝束 02.060

telomophyte 顶枝植物 02.055

temporary wilting 暂时萎蔫 09.175

tenacle 缘毛环 06.192

tendril 卷须 02.091

tensile strength 抗张强度 09.166

tension 张力 09.164

tension wood 应拉木，* 伸张木 03.193

tenuinucellate ovule 薄珠心胚珠 04.142

tenuity 薄壁区 14.055

tepal 被片 02.359

terminal bud 顶芽 02.092

terminal cell 末端细胞 03.098

terminal electron acceptor 末端电子受体 09.123

terminal inflorescence 顶生花序 02.249

terminal oxidase 末端氧化酶 09.122

ternately compound leaf 三出复叶 02.149

ternate vein 三出脉 02.235

terpene 萜 10.064

terpenoid 萜类化合物 10.063

terpenoid alkaloid 萜类生物碱 10.041

terrestrial algae 陆生藻类 05.006

terrestrial plant 陆生植物 01.100

terrestrial root 陆生根 02.021

tertiary mycelium 三生菌丝体 06.256

testa 种皮 02.559

test-tube culture 试管培养 09.338

test-tube plantlet 试管苗 09.339

test tube pollination 试管授粉 04.011

tetrad 四分体 04.115，四合花粉 14.009

tetrad mark 四分体痕，* 裂痕 14.090

tetrad scar 四分体痕，* 裂痕 14.090

tetradynamous stamen 四强雄蕊 02.419

tetrahydroisoquinoline alkaloid 四氢异喹啉类生物碱 10.021

tetrasporangium 四分孢子囊 05.124

tetraspore 四分孢子 04.114

tetrasporic embryo sac 四孢子胚囊 04.164

thallic 体殖[产孢]的 06.387

thalline exciple 体质盘壁，* 果托 07.048

thalline reaction 地衣体反应 07.027

thalloconidium 体裂分生孢子 07.072

thallospore 体裂孢子 06.369

thallotherophyte 叶状体一年生植物 11.238

thallus 原植体，* 叶状体 01.152，菌体 06.033

theca 壳 05.048，孢蒴 08.020

thecium 子囊层 06.164

theory of origin species 物种起源说 01.088

theory of special creation 特创论 01.085

thermal death point 热致死点 09.013

thermogenic respiration 生热呼吸 09.101

thermoperiodism 温周期现象 09.336

thevetia cardiac glycoside 黄花夹竹桃类强心苷，* 黄花夹竹桃类强心甙 10.142

thicket 密灌丛 11.318

tholus 内顶突 06.176

thorn [棘]刺 02.089

thorn woodland 多刺疏林 11.314

threatened plant 濒危植物 12.009

threshold value 阈值 09.363

thylakoid 类囊体 09.029

thyriothecium 盾状囊壳 06.148

thyrse 聚伞圆锥花序 02.277

tichus 壁层 06.160

tiller 分蘖 02.083

tillow 分蘖 02.083

tinophysis 类侧丝 06.187

tinsel type 茸鞭型 05.036

tissue 组织 .01.170

tissue system 组织系统 03.013

tolerance 耐性 09.372

tomentose 具多数假根的 08.004

topo-edaphic climax 地形-土壤顶极 11.154

torpedo-shape embryo 鱼雷形胚 04.236

torus 纹孔塞 03.207

totipotency 全能性 01.194

trabecula [伞菌]菌褶原 06.301，[腹菌]产孢组织基板 06.315

trabeculae 径列条 03.227

trace element 痕量元素， * 超微量元素 09.208

trace gap 迹隙 03.391

tracheary element 管状分子 03.169

tracheid 管胞 03.197

tracheophyte 维管植物 01.120

trama 菌髓 06.229

tramal plate 髓板 06.316

transfer cell 传递细胞 03.094

transfusion tissue 转输组织 03.402

transfusion tracheid 转输管胞 03.202

transition zone 过渡区 03.053

translater 载粉器 02.446

translocation 运输 09.240

transmembrane potential 跨膜电势 09.030

transmitting tissue 引导组织 04.140

transpiration 蒸腾[作用] 09.131

transpiration coefficient 蒸腾系数 09.167

transpiration current 蒸腾流 09.168

transpiration efficiency 蒸腾效率 09.169

transpiration pull 蒸腾拉力 09.171

transpiration ratio 蒸腾比 09.170

transpiration stream 蒸腾流 09.168

transport 运输 09.240，转运 09.241

transverse section 横切面 01.206

transverse zygomorphy 上下[两侧]对称 02.349

trap plant 诱杀性植物 11.219

traumatic resin duct 创伤树脂道 03.325

traumatin 愈伤激素， * 创伤激素 09.337

tree 乔木 01.143

trema 萌发孔 14.027

tremoid 拟萌发孔 14.031

tretic 孔生[产孢]的 06.391

tretic conidium 孔出分生孢子 06.374

tretoconidium 孔出分生孢子 06.374

triad 三分体 04.118

triadelphous stamen 三体雄蕊 02.411

triarch 三原型 03.361

tribe 族 01.061

trichasium 三歧聚伞花序 02.272

trichidium 小梗 06.246

trichoblast 生毛细胞 03.101

trichogyne 受精丝 06.204

tricholoma 缘毛 02.239

trichome 毛状体 03.100，藻丝 05.011

trichospore 毛孢子 06.116

trichotomosulcate 三歧槽的 14.054

tricolpate 三沟的 14.035

tricolporate 三孔沟的 14.051

trimitic 三系菌丝的 06.296

triple fusion 三核并合 04.198

triporate 三孔的 14.047

triterpene 三萜 10.070

triterpene sapogenin 三萜皂苷配基， * 三萜皂贰元 10.145

tropane alkaloid 托烷类生物碱 10.016

trophocyst 营养囊 06.113

trophogone 无效雄器 06.217

trophogonium 无效雄器 06.217

tro[pho]phyll 营养叶 02.119

tropism 向性 09.349

true fruit 真果 02.497

trunciflory 茎花现象 11.141

trunk [树]干 02.053

tryphine 含油层 04.107

T-shaped tetrad T-形四分体 04.117

tube cell 管细胞 04.078

tube nucleus 管核 04.084

tuber 块茎 02.046

tubercle 小块茎 02.047

tubular corolla 筒状花冠， * 管状花冠 02.374

tub[ul]e 菌管 06.297

tundra 冻原 11.301

tunica 原套 03.050，小包薄膜 06.321

turbinate cell 陀螺状胞 06.101

turbinate organ　陀螺状胞　06.101

Turgayan flora　图尔盖植物区系，　*温带植物区系　12.073

turgescence　膨胀　09.146

turgidity　膨胀度　09.145

turgor　膨胀　09.146

turgor movement　膨胀运动　09.342

turgor pressure　膨压　09.147

twiner　缠绕植物　01.113

twining movement　缠绕运动　09.345

twining stem　缠绕茎　02.043

tylophora alkaloid　娃儿藤属生物碱　10.051

tylophorine alkaloid　娃儿藤类生物碱　10.044

tylosis　侵填体　03.250

U

Ubisch body　乌氏体　04.108

ulcus　远极单孔　14.046

umbel　伞形花序　02.264

umbellule　小伞形花序　02.283

umbilicus　周壁孔　06.181

umbo　脐　02.549

uncoupler　解联剂　09.124

understory　下木　11.115

unequal division　不等分裂　01.213

unicellular hair　单细胞毛　03.103

unifoliate compound leaf　单身复叶　02.146

unilocular sporangium　单室孢子囊　05.121

uniseriate ray　单列射线　03.267

unisexual flower　单性花　02.309

unispore　单室孢子　05.118

united cup fruit　单生杯果　02.507

united free fruit　单生离果　02.505

universal veil　外菌幕　06.310

unloading　卸出[筛管]　09.250

unusual plant　稀有植物，　*珍稀植物　12.008

upland plant　高地植物　13.070

upright ray cell　直立射线细胞　03.273

urban ecology　城市生态学　11.018

urceolate corolla　坛状花冠　02.378

urediniospore　夏孢子　06.283

uredi[ni]um　夏孢子堆　06.278

urediospore　夏孢子　06.283

uredosorus　夏孢子堆　06.278

uredospore　夏孢子　06.283

urn　蒴壶，　*蒴部　08.027

usnic acid　松萝酸　07.070

ustilospore　黑粉菌孢子　06.287

ustospore　黑粉菌孢子　06.287

utricle　胞果　02.520，　子实体包被　06.312

utriculus　子实体包被　06.312

V

vacuum infiltration　真空渗入　09.025

valvate　镊合状　02.361

valvular dehiscence　瓣裂　02.442

variant　群丛变型　11.282

variation center　变异中心　01.095

variety　变种　01.071

vascular anatomy　维管解剖学　03.007

vascular bundle　维管束　03.379

vascular bundle sheath　维管束鞘　03.385

vascular cambium　维管形成层　03.150

vascular cylinder　维管柱　03.364

vascular plant　维管植物　01.120

vascular ray　维管射线　03.264

vascular system　维管系统　03.144

vascular tissue　维管组织　03.145

vasicentric parenchyma　环管薄壁组织　03.258

vegetation　植被　11.259

vegetation circle　植物圈，　*植被圈　11.193

vegetation classification　植被分类　11.278

[vegetation] continuum　[植被]连续体　11.263

vegetation map　植被图　11.264

vegetation mapping　植被制图　11.276

vegetation pattern　植被格局　11.262

vegetation regionalization　植被区划　11.277

vegetation type　植被型　11.260

vegetation zone　植被[地]带　11.261

vegetative cell　营养细胞　04.082

vegetative nucleus　营养核　04.083

vegetative organ　营养器官　01.166

vegetative reproduction　营养繁殖　05.086

veil　菌幕　06.303

vein　叶脉　02.212

vein end　脉端，＊脉梢　02.220

vein eyelet　小脉眼　02.222

vein islet　脉间区　02.221

veinlet　小脉，＊细脉　02.216

vein rib　脉脊　02.219

velamen　根被　03.345

veld[t]　费尔德群落　11.327

velum　菌幕　06.303

venation　脉序　02.225

ventilating pit　通气孔　03.449

ventilating tissue　通气组织　03.063

ventral canal cell　腹沟细胞　04.066

ventral canal nucleus　腹沟核　04.067

ventral lobe　腹瓣　08.009

ventral suture　腹缝线　02.473

vernalin　春化素　09.340

vernalization　春化[作用]　09.291

vernation　幼叶卷叠式　02.139

verruca　疣　02.188

versatile anther　丁字药　02.433

vertical vegetation zone　植被垂直[地]带　11.267

verticillaster　轮状聚伞花序　02.275

verticillate flower　轮生花　02.323

verticillate leaf　轮生叶　02.157

verticillate phyllotaxy　轮生叶序　02.134

vesicle　泡囊　05.046

vesicular scale　泡状鳞片　02.185

vessel　导管　03.228

vestibule　孔腔，＊孔室　14.063

vestibulum　孔腔，＊孔室　14.063

vestured pit　附物纹孔　03.222

vexil　旗瓣　02.394

viability　生存力　01.199

vicarious species　替代种　12.022

vigor　活力　01.201

vine　藤本植物　01.114

virus tumor　病毒瘤　02.590

viscid disc　着粉腺，＊粘盘，＊着粉盘　02.448

vital force　生活力　01.200

vitalism　活力论　01.202

vitality　生活力　01.200

vitta　油道　03.321

vivipary　胎萌　04.224

volatile oil　挥发油　10.083

volva　菌托　06.311

voucher specimen　凭证标本　01.216

W

Wallace's line　华莱士线　12.053

wall extensibility　胞壁伸展性　09.031

wall-held protein　[花粉]壁蛋白　04.122

wall pressure　胞壁压　09.154

Warburg respirometer　瓦尔堡呼吸计，＊瓦布尔格呼吸计　09.093

wart[y] layer　[具]瘤层　03.441

water bloom　水华　05.008

water culture　水培　09.237

water deficit　水分亏缺　09.172

water pore　水孔　03.310

water potential　水势　09.158

water requirement　需水量　09.173

water root　水生根　02.023

water sac　水囊　02.189

water-storage tissue　贮水组织　03.062

water-storing tissue　贮水组织　03.062

water vesicle　贮水泡　03.117

webbing　蹼化　02.065

wet land　湿地　11.300

wet stigma　湿柱头　04.127

whiplash type　尾鞭型　05.035

White solution　怀特溶液　09.242

whorled leaf　轮生叶　02.157

wild species 野生种 12.026
wilting 萎蔫 09.143
wilting agent 萎蔫剂 09.176
wilting coefficient 萎蔫系数 09.177
wilting point 萎蔫点 09.178
wing 翼瓣 02.395
winterness 冬性 01.205
winter plant 冬性植物 01.141
wood 木材 03.176
wood anatomy 木材解剖学 03.008
wood fiber 木纤维 03.078

woodland 疏林 11.313
wood parenchyma 木薄壁组织 03.252
Woronin body 沃鲁宁体， * 伏鲁宁体 06.220
Woronin hypha 沃鲁宁菌丝， * 伏鲁宁菌丝 06.209
wound cambium 创伤形成层 03.156
wound hormone 愈伤激素， * 创伤激素 09.337
wound periderm 创伤周皮 03.138
wound respiration 创伤呼吸 09.102

X

xanth[en]one 𠮿酮 10.123
xenia 异粉性， * 种子直感 04.187
xerarch sere 旱生演替系列 11.166
xerophyte 旱生植物 01.103
xerosere 旱生演替系列 11.166
xylem 木质部 03.160

xylem initial 木质部原始细胞 03.161
xylem island 木质部岛 03.166
xylem mother cell 木质部母细胞 03.162
xylem parenchyma 木薄壁组织 03.252
xylem ray 木射线 03.266

Y

yohimbine alkaloid 育亨宾类生物碱 10.030

Z

zeorine type 双缘型 07.057
zonation of vegetation 植被地带性 11.265
zonobiome 地带生物群系 11.031
zonocolpate 环沟的 14.038
zoosperm 游动精子 04.089
zoosporangium 游动孢子囊 06.086
zoospore 游动孢子 05.108
zootic climax 动物顶极 11.156
Z-scheme Z图式 09.082
zygamgium 接合配子囊 06.121

zygomorphy 两侧对称， * 左右对称 02.348
zygophore 接合枝 06.117
zygosporangium 接合孢子囊 06.123
zygospore 接合孢子 06.124
zygosporocarp 接合孢子果 06.118
zygosporophore * 接合孢子柄 06.122
zygote 合子 04.206
zygotic embryo 合子胚 04.253

汉 英 索 引

A

阿根廷草原　pampas　11.322
阿朴啡类生物碱　aporphine alkaloid　10.024
埃默森增益效应　Emerson enhancement
　effect　09.072
＊埃默生增益效应　Emerson enhancement
　effect　09.072
矮化植物　dwarf plant　09.296

矮生植物　dwarf plant　09.297
安加拉植物区系　Angara flora　13.016
＊安加拉植物群　Angara flora　13.016
暗反应　dark reaction　09.074
暗呼吸　dark respiration　09.098
暗色孢子　phaeospore, scotospore　06.359
＊噢哢　aurone　10.126

B

八分体　octant　04.232
巴西草原　campo　11.323
＊白花色甙　leucoanthocyanin　10.115
＊白花色甙元　leucoanthocyanidin　10.116
白令桥　Bering bridge　12.041
百部属生物碱　stemona alkaloid　10.055
败育　abortion　01.190
败育动孢子　abortive zoospore　05.117
瘢痕组织　scar tissue　03.071
板根　buttress　02.033
板状分生组织　plate meristem　03.026
伴胞　companion cell　03.298
伴人植物　androphile, synarthropic plant
　11.221
伴生种　companions, accompanying species
　11.074
瓣距　spur, calcar　02.403
瓣裂　valvular dehiscence　02.442
瓣爪　claw　02.402
半包幕　partial veil, inner veil　06.307
半灌木　subshrub, suffrutex(拉)　01.145
半环孔材　semi-ring-porous wood　03.181
半具缘纹孔对　half-bordered pit-pair
　03.221
半轮生花　hemicyclic flower　02.324
半融合　semimixis　04.208
半萜　hemiterpene　10.067

半透膜　semipermeable membrane　09.239
半下位子房　half-inferior ovary　02.470
半知分生孢子　deuteroconidium　06.361
半自然植被　seminatural vegetation　11.270
傍管薄壁组织　paratracheal parenchyma
　03.257
傍核体　archontosome　06.069
苞鳞　bract scale　02.554
苞片　bract　02.294
苞叶　bracteal leaf, subtending leaf　02.178
胞壁伸展性　wall extensibility　09.031
胞壁压　wall pressure　09.154
胞果　utricle　02.520
胞间层　middle lamella　03.437
胞间道　intercellular canal　03.447
胞间连丝　plasmodesma　03.444
胞间腔　intercellular cavity　03.448
胞间隙　intercellular space　03.446
胞内蓝藻共生　endocyanosis　05.056
胞芽　gemma　08.010
胞芽杯　gemma cup　08.011
胞质环流　cyclosis, cytoplasmic streaming
　01.172
胞质配合　cytogamy　04.205
包被　peridium　06.222
包顶组织　involucrellum　06.159
孢[粉]壁　sporoderm[is]　14.013

孢粉素 sporopollenin 14.004

孢粉形态学 palynomorphology 14.001

孢粉学 palynology 01.033

*孢粉质 sporopollenin 14.004

孢梗束 coremium 06.333

孢间连丝 disjunctor, connective 06.377

孢囊孢子 sporangiospore 06.091

孢囊堆 sporangiosorus 06.084

孢囊梗 sporangiophore 06.110

孢囊果 sporangiocarp 06.104

孢囊下泡 subsporangial swelling 06.112

孢丝 capillitium 06.005

孢丝粉 maz[a]edium 07.035

孢蒴 capsule, theca 08.020

H 孢体 H body 06.290

孢团果 sorocarp 06.011

孢团果柄 sorophore 06.013

孢托 receptacle, receptaculum 06.313

孢尾体 rumposome 06.066

孢檐 ledge 06.378

孢原 archesporium 08.033

孢原质 sporoplasm 06.053

孢子 spore 05.106

[孢子]表壁 ectosporium, ectospore 06.058

孢子堆 sorus 06.083

孢子发生 sporogenesis 04.041

[孢子]附壁 episporium, epispore 06.055

孢子梗 sporophore 06.047

孢子果 sporocarp 06.046

孢子母细胞 spore mother cell 04.044

孢子囊 sporangium 05.120

[孢子]内壁 endosporium, endospore 06.054

孢子体 sporophyte 05.104

*孢子体世代 sporophyte generation 05.103

[孢子]外壁 exosporium, exospore 06.056

[孢子]中壁 mesosporium, mesospore 06.059

[孢子]周壁 perisporium, perispore 06.057

薄壁区 tenúity, leptoma 14.055

薄壁组织 parenchyma 03.059

薄荷脑 mentha-camphor 10.085

薄珠心胚珠 tenuinucellate ovule 04.142

保护层 protective layer 03.406

保护组织 protective tissue 03.066

保卫细胞 guard cell 03.089

抱茎叶 amplexicaul leaf 02.170

杯点 cyphella 07.042

杯体 scyphus 07.041

杯状孢囊基 calyculus 06.008

杯状聚伞花序 cyathium 02.276

*北方针叶林 taiga, boreal coniferous forest 11.311

北极第三纪森林 Arcto-Tertiary forest 12.077

北极第三纪植物区系 Arcto-Tertiary flora 12.076

北极高山植物区系 Arctic alpine flora, Arctalpine flora 12.075

北极界 arctic realm 12.034

北极植物 arctic plant 12.016

北美草原 prairie 11.321

背瓣 dorsal lobe, antical lobe 08.008

背翅 dorsal lamina 08.007

背缝线 dorsal suture 02.472

*背腹叶 bifacial leaf, dorsi-ventral leaf 02.163

背倚子叶 incumbent cotyledon 02.585

背着药 dorsifixed anther 02.431

贝母属生物碱 fritillaria alkaloid 10.057

被动吸收 passive absorption 09.181

被片 tepal 02.359

苯基烷基胺类生物碱 phenylalkylamine alkaloid 10.014

*本地种 indigenous species, native species 11.078

本体 corpus 14.089

比较植物化学 comparative phytochemistry 10.001

吡啶类生物碱 pyridine alkaloid 10.018

吡咯烷类生物碱 pyrrolidine alkaloid 10.015

蔽后式的 succubous 08.006

蔽前式的 incubous 08.005

闭囊果 cleistocarp 06.137

闭囊壳 cleistothecium 06.138

闭蒴 cleistocarp 08.036

闭锁脉序 closed venation 02.227

必需元素 essential element 09.197

壁层 tichus 06.160

鞭毛 flagellum 05.034

鞭毛器　flagellum apparatus　05.028
鞭毛轴丝　axoneme　05.038
鞭茸　flimmer, mastigoneme　05.037
边材　sapwood　03.182
边花　ray flower　02.337
边脉　marginal vein　02.215
边缘分生组织　marginal meristem　03.024
边缘菌幕　marginal veil　06.306
边缘胎座式　marginal placentation　02.479
边缘原始细胞　marginal initial　03.036
边缘种　edge species　11.068
编织中柱　plectostele　03.373
扁化　fasciation, planation　02.064
扁化枝　platyclade　02.086
扁口囊壳　lophiothecium　06.150
变胞藻黄素　astaxanthin　05.080
变水植物　poikilohydric plant　11.204
变态担子　metabasidium　06.235
变态冬孢子　mesospore　06.285
变态粉芽　phygoblastema　07.038
变型　form　01.072
＊变形绒毡层　amoeboid tapetum　04.103
变异中心　variation center　01.095
变种　variety　01.071
苄基异喹啉类生物碱　benzylisoquinoline
　　alkaloid　10.022
＊标准地　[sample] plot　11.039
表面分生组织　surface meristem　03.027
表膜　epiphragm　06.319
表皮　epidermis　03.085
表皮毛　epidermal hair　03.099
表皮原　dermatogen　03.045
表渗透空间　apparent osmotic space　09.126
别藻蓝蛋白　allophycocyanin　05.070
濒危植物　threatened plant　12.009
柄孢子　stylospore　06.126

柄细胞　stalk cell　04.076
＊并立芽　storied bud　02.095
病毒瘤　virus tumor　02.590
搏动泡　pusule　05.047
捕虫环　lasso mechanism　06.129
捕虫囊　ampulla　02.173
捕虫叶　insect-catching leaf　02.172
补偿点　compensation point　09.071
补充组织　complementary tissue, filling
　　tissue　03.142
不等分裂　unequal division　01.213
不定根　adventitious root　02.018
不定胚　adventitious embryo　04.260
不定群体　palmella　05.024
不定芽　adventitious bud　02.110
不定枝　adventitious shoot　02.085
不动孢子　aplanospore　05.109
不动精子　spermatium　06.199
不规则萌发孔　anomotreme　14.030
＊不活动中心　quiescent center　03.049
不具备花　imperfect flower　02.314
＊不连续分布区　areal disjunction, discontinuous
　　areal　12.058
不生氧光合作用　anoxygenic photosynthesis
　　09.034
不透性　impermeability　09.201
不透性膜　impermeable membrane　09.202
不完全花　incomplete flower　02.312
不完全阶段　imperfect state　06.026
不完全叶　incomplete leaf　02.161
不育小羽片　sterile pinnule　02.128
不育叶　sterile frond, sterile leaf　02.120
不育羽片　sterile pinna　02.127
不整齐花　irregular flower　02.316
布莱克曼反应　Blackman reaction　09.058

C

采后生理　post-harvest physiology　09.324
＊残遗种　relic[t] species, epibiotic species
　　12.017
＊藏精器　antheridium　04.073
槽　sulcus　14.053

草本　herb　01.146
草本沼泽　marsh　11.299
草地　grassland　11.293
草地生态学　grassland ecology　11.016
草甸　meadow　11.292

草原　steppe　11.291

侧根　lateral root　02.014

侧脉　lateral vein　02.214

侧面分生组织　flank meristem　03.028

侧面接合　lateral conjugation　05.091

侧膜胎座式　parietal placentation　02.480

侧泡体　side body　06.068

侧生分生组织　lateral meristem　03.022

侧生器官　lateral organ　01.168

侧丝　paraphysis　06.186

侧芽　lateral bud　02.098

侧枝　lateral branch　02.080

层　stratum, story　11.113

层片　synusium　11.114

层丝　hyphidium　06.228

层状胎座式　laminal placentation　02.486

* 茶叶皂甙　tea saponin　10.151

茶叶皂苷　tea saponin　10.151

茶渍型　lecanorine type　07.055

查耳酮　chalcone　10.124

查帕拉尔群落　chaparral　11.330

* 柴胡皂甙　saikoside　10.149

柴胡皂苷　saikoside　10.149

掺花果　anthocarpous fruit, anthocarp
02.541

缠绕茎　twining stem　02.043

缠绕运动　twining movement　09.345

缠绕植物　twiner　01.113

产孢丝　gonimoblast　05.132

产孢细胞　conidiogenous cell　06.383

产孢组织　gleba　06.314

产侧丝体　paraphysogone, paraphysogonium
06.202

产精体　spermatiophore　06.196

产囊丝　ascogenous hypha　06.205

产囊丝钩　crozier, hook　06.206

产囊体　ascogone, ascogonium　06.201

产囊枝　ascophore　06.212

常绿阔叶林　evergreen broad-leaved forest,
laurel forest, laurisilvae　11.304

常绿叶　evergreen leaf　02.143

常绿植物　evergreen plant　01.127

长春花属生物碱　catharanthus alkaloid
10.053

长角果　silique　02.514

长日照　long day　09.330

长日[照]植物　long day plant　09.332

长枝　long shoot　02.077

超雌性　super-female　04.040

* 超地带植被　extrazonal vegetation　11.273

超界　superkingdom　01.051

* 超微量元素　trace element　09.208

超雄性　super-male　04.039

* 沉水植物　benthophyte, submerged plant
11.213

衬质势　matric potential　09.156

城市生态学　urban ecology　11.018

橙酮　aurone　10.126

成层现象　stratification　11.112

成根素　rhizocaline　09.335

成花刺激　floral stimulus　09.303

成花素　florigen, flowering hormone　09.304

成花诱导　floral induction　09.302

成膜体　phragmoplast　03.159

成熟区　maturation zone, maturation region
03.340

成熟群落　mature community　11.029

齿舌状的　raduliform　06.394

齿羊齿型　odontopterid　13.043

赤潮　red tide　05.009

赤道　equator　14.082

赤道面　equatorial face　14.084

赤道面观　equatorial view　14.085

赤道轴　equatorial axis　14.083

赤霉素　gibberellin　09.305

翅果　samara　02.521

虫布植物　entomochore, entomosporae
12.014

虫菌体　hyphal body　06.128

虫媒　entomophily　04.014

虫媒传粉　entomophilous pollination　04.015

虫媒花　entomophilous flower　02.329

虫媒植物　entomophilous plant　01.125

重瓣花　double flower　02.320

重建生态学　restoration ecology　11.012

* 初级甙　primary glycoside　10.133

初级苷　primary glycoside　10.133

初生壁　primary wall　03.439

初生壁细胞　primary wall cell　04.097

初生分生组织　primary meristem　03.019

初生根　primary root　03.342

初生沟细胞　primary canal cell　04.069

初生结构　primary structure　03.011

初生颈细胞　primary neck cell　04.068

初生菌丝体　primary mycelium　06.254

初生木质部　primary xylem　03.163

初生胚柄　primary suspensor　04.238

初生胚乳核　primary endosperm nucleus
　04.220

初生胚乳细胞　primary endosperm cell
　04.219

初生韧皮部　primary phloem　03.279

初生韧皮纤维　primary phloem fiber　03.074

初生生长　primary growth　03.037

* 初生外菌幕　protoblem, primordial veil,
　primary universal veil　06.309

初生维管组织　primary vascular tissue
　03.146

初生纹孔　primary pit　03.442

初生纹孔场　primary pit field　03.443

初生叶　primary leaf　02.151

初生植物体　primary plant body　03.009

初始质壁分离　incipient plasmolysis　09.129

初萎　incipient wilting　09.144

出管　exit tube　06.090

除草剂　herbicide, phytocide　09.313

* 除光样方　denuded quadrat　11.044

储蓄泡　reservoir　05.031

触觉毛　tactile hair　03.115

触觉乳头　tactile papilla　03.113

触觉窝　tactile pit　03.114

穿孔板　perforation plate　03.251

传递细胞　transfer cell　03.094

传粉　pollination　04.005

传粉滴　pollination drop　04.010

传粉者　pollinator　04.006

创伤呼吸　wound respiration　09.102

* 创伤激素　wound hormone, traumatin　09.337

创伤树脂道　traumatic resin duct　03.325

创伤形成层　wound cambium　03.156

创伤周皮　wound periderm　03.138

垂周壁　anticlinal wall　03.433

垂周分裂　anticlinal division　01.210

* 春孢子　aeci[di]ospore, plasmogamospore
　06.282

* 春孢子器　aecium, aecidiosorus　06.277

* 春材　early wood, spring wood　03.184

春化素　vernalin　09.340

春化[作用]　vernalization　09.291

唇瓣　label[lum]　02.397

唇形花冠　labiate corolla　02.382

唇形盘缘　labium　07.051

雌苞腹叶　bracteole　08.015

雌苞叶　perichaetial bract, perichaetial leaf
　08.016

* 雌核发育　gynogenesis　04.031

雌花　pistillate flower　02.331

雌配子　megagamete　04.070

雌配子体　megagametophyte, female game—
　tophyte　04.058

雌[器]苞　perichaetium　08.019

雌球果　female cone　02.542

* 雌球花　ovulate strobilus, female cone　02.304

雌蕊　pistil　02.450

雌蕊柄　gynophore　02.458

雌蕊基　gynobase　02.460

雌蕊群　gynoecium　02.451

雌蕊先熟　protogyny　02.342

雌性生殖单位　female germ unit, FGU　04.179

雌雄花同熟　synchronogamy　02.339

雌雄间体　intersex　04.185

雌雄间性　intersexuality　04.186

雌雄嵌体　gynandromorph　04.184

雌雄蕊柄　androgynophore, gonophore
　02.449

雌雄[蕊]同熟　homogamy, monochogamy
　02.340

雌雄[蕊]异熟　dichogamy　02.341

雌雄同株　monoecism　02.333

雌雄异株　dioecism　02.334

刺　spine　02.181

刺果　lappa　02.519

刺激　stimulus　09.362

刺桐属生物碱　erythrina alkaloid　10.054

* 次级甙　secondary glycoside　10.134

次级苷　secondary glycoside　10.134

次生壁 secondary wall 03.440
次生代谢 secondary metabolism 09.119
次生分生组织 secondary meristem 03.020
次生根 secondary root 03.343
次生核 secondary nucleus 04.180
次生加厚 secondary thickening 03.170
次生结构 secondary structure 03.012
次生菌丝体 secondary mycelium 06.255
次生木质部 secondary xylem 03.175
次生胚柄 secondary suspensor 04.239
次生皮层 secondary cortex 03.350
次生韧皮部 secondary phloem 03.285
次生生长 secondary growth 03.038
次生维管组织 secondary vascular tissue 03.147
次生演替 secondary succession 11.170
次生演替系列 subsere, secondary sere

` 11.163
次生植物体 secondary plant body 03.010
*次皂武元 prosapogenin 10.155
从属种 subordinate species 11.077
丛卷毛 floccus 02.242
*丛毛 coma 02.558
丛生禾草 bunch grass 11.243
丛枝吸胞 arbuscule 06.077
粗轴型 pachynae 07.024
粗榧属生物碱 cephalotaxus alkaloid 10.046
醋酸酐分解 acetolysis 14.005
*簇生花序 fascicle 02.268
簇生芽 fascicular bud, fascicled bud 02.096
簇生叶 fascicled leaf 02.159
簇生叶序 fascicled phyllotaxy 02.135
存在度 presence 11.085

D

达玛烷型 dammarane type 10.088
大孢子 megaspore, macrospore 04.047
大孢子发生 megasporogenesis 04.045
大孢子母细胞 megaspore mother cell 04.046
大孢子吸器 megaspore haustorium 04.048
大孢子叶 megasporophyll 02.116
大孢子叶球 ovulate strobilus, female cone 02.304
大环类生物碱 macrocyclic alkaloid 10.042
大量元素 macroelement, major element 09.206
大陆边缘 continental margin 12.038
大陆架 continental shelf 12.037
大陆块 continental block 12.036
大陆漂移说 continental drift theory 12.086
大陆位移 continental displacement 12.069
大陆种 continental species 12.025
大气孢粉学 aeropalynology 14.002
大生长期 grand phase of growth 09.307
大型地衣 macrolichen 07.002
大[型]分生孢子 macroconidium 06.362
大型叶 macrophyll 02.114
大型疑源类 magniacritarch 13.054
大羽羊齿植物区系 Gigantopteris flora

13.018
*大羽羊齿植物群 Gigantopteris flora 13.018
带羊齿型 taeniopterid 13.048
带状薄壁组织 banded parenchyma 03.255
带状分布区 belt areal 12.059
代谢 metabolism 09.110
代谢调节 metabolic regulation 09.114
代谢控制 metabolic control 09.115
代谢库 metabolic pool 09.116
代谢类型 metabolic type 09.117
代谢物 metabolite 09.118
*武元 aglycon[e] 10.132
担孢子 basidiospore 06.249
担子 basidium 06.232
担子地衣 hymenolichen 07.006
担子果 basidioma, basidiocarp 06.221
单瓣花 simple flower 02.319
单孢子胚囊 monosporic embryo sac 04.162
单穿孔 simple perforation 03.240
单穿孔导管 porous vessel 03.232
单雌蕊 simple pistil 02.452
单雌生殖 gynogenesis 04.031
单隔孢子 didymospore 06.352
单沟的 monocolpate 14.034

单管孔　solitary pore　03.238
单花粉　monad　14.007
单[花]果　simple fruit　02.499
单环氧型木脂体　monoepoxy lignan　10.163
单精入卵　monospermy　04.201
单境起源　monotopic origin　12.083
单孔的　monoporate　14.045
单列射线　uniseriate ray　03.267
单毛　simple hair　03.102
＊单宁　tannin　10.105
＊单宁细胞　tannin cell　03.414
单歧聚伞花序　monochasium　02.270
单亲生殖　monogenetic reproduction　04.028
单身复叶　unifoliate compound leaf　02.146
单生杯果　united cup fruit　02.507
单生花　solitary flower　02.247
单生离果　united free fruit　02.505
单室孢子　unispore　05.118
单室孢子囊　unilocular sporangium　05.121
单体雄蕊　monadelphous stamen　02.409
单体中柱　monostele　03.367
单萜　monoterpene　10.068
单纹孔　simple pit　03.217
单系菌丝的　monomitic　06.294
单细胞毛　unicellular hair　03.103
单性花　unisexual flower　02.309
单性结实　parthenocarpy　04.037
＊单性生殖　parthenogenesis　04.029
单雄生殖　androgenesis　04.032
单芽　single bud　02.094
单叶　simple leaf　02.144
单优种群落　monodominant community
　　11.026
单[元]顶极　monoclimax　11.150
单元发生[论]　monophylesis, monogenesis
　　12.081
单原型　monarch　03.359
单轴分枝　monopodial branching　02.071
单主寄生[现象]　autoecism, ametoecism,
　　monoxeny　06.263
单主全孢型　auteu-form　06.272
氮循环　nitrogen cycle　09.213
＊淡土植物　halophobe, glycophyte　11.199
p-蛋白　p-protein　03.297

＊蛋白核　pyrenoid　05.084
[蛋白质]表膜　[proteinaceous] pellicle　04.130
蛋白质细胞　albuminous cell　03.299
倒盾状囊壳　catathecium, catothecium　06.147
倒伏　lodging　09.318
倒生胚珠　anatropous ovule　02.491
岛衣冻原　cetraria tundra　07.022
岛状间断分布　island disjunction　12.051
导管　vessel　03.228
等二歧分枝式　equal dichotomy　02.074
＊等价种　equivalent species　11.079
等面叶　isobilateral leaf　02.162
等渗溶液　isotonic solution　09.139
等值种　equivalent species　11.079
低出叶　cataphyll　02.152
低等植物　lower plant　01.118
低地植物　lowerland plant　13.069
低渗溶液　hypotonic solution　09.138
＊低托杯状花冠　hypocrateriform corolla
　　02.377
低温植物　microtherm　11.214
＊底着药　basifixed anther, innate anther　02.430
地带内植被　intrazonal vegetation　11.272
地带生物群系　zonobiome　11.031
地带外植被　extrazonal vegetation　11.273
地方植物志　local flora　12.079
地方种群　local population　11.103
地理变种　geographical variety　12.030
地理隔离　geographical isolation　12.062
地理生态型　geoecotype　11.125
地理替代　geographical substitute　12.092
地理小种　geographical strain　12.029
地面芽植物　hemicryptophyte　11.234
地上芽植物　chamaephyte　11.233
地下茎　subterraneous stem　02.041
地下芽植物　geo[crypto]phyte　11.236
地形-土壤顶极　topo-edaphic climax　11.154
地衣　lichen　07.001
地衣测量法　lichenometry　07.077
地衣淀粉　lichenan, lichenin　07.064
地衣冻原　lichen tundra　07.018
＊地衣多糖　lichenan, lichenin　07.064
地衣共生菌　mycobiont　07.076
地衣共生[性]　lichenism　07.059

地衣化的 lichenized, lichen-forming 07.023
地衣化藻殖孢 lichenized hormocysts 07.060
地衣区系 lichen flora 07.016
地衣体反应 thalline reaction 07.027
*地衣型的 lichenized, lichen-forming 07.023
*地衣型藻殖孢 lichenized hormocysts 07.060
地衣学 lichenology 01.030
地衣藻胞 lichen-gonidia 07.063
地衣志 lichen flora 07.017
*地植物学 geobotany 11.006
*地植物学区划 geobotanical regionalization 11.277
*地植物学制图 geobotanical mapping 11.276
第一性生产力 primary productivity 11.254
第一性生产量 primary production 11.253
点四分法 point-centered quarter method 11.054
电渗 electro[end]osmosis 09.194
电子传递 electron transport 09.107
电子载体 electron carrier 09.108
淀粉核 pyrenoid 05.084
淀粉粒 starch grain 03.411
淀粉鞘 starch sheath 03.386
淀粉质环 amyloid ring 07.066
雕饰 sculpture 14.057
雕纹分子 sculptural element 14.058
凋落物 litter 11.116
蝶形花冠 papilionaceous corolla 02.381
叠层石 stromatolite 13.059
叠生木栓 storied cork 03.132
叠生射线 storied ray 03.269
叠生形成层 storied cambium 03.157
叠生芽 storied bud 02.095
丁字药 versatile anther 02.433
顶胞质 acroplasm 06.214
顶侧丝 apical paraphysis 06.189
顶端层 apical tier 04.246
顶端分生组织 apical meristem 03.021
顶端生长 apical growth 03.035
顶端细胞 apical cell 03.034
顶端优势 apical dominance 09.267
顶端原始细胞 apical initial 03.033
顶极格局假说 climax-pattern hypothesis 11.148

顶极[群落] climax 11.147
顶生花序 terminal inflorescence 02.249
顶生胎座式 apical placentation 02.484
顶芽 terminal bud 02.092
顶枝 telome 02.056
顶枝束 telome trusse 02.060
顶枝系统 telome system 02.058
顶枝学说 telome theory 02.054
顶枝植物 telomophyte 02.055
顶着药 apicifixed anther 02.432
定居 ecize, [o]ecesis 11.158
定形群体 coenobium 05.022
冬孢堆护膜 corbicula 06.280
冬孢子 teliospore, teleutospore, teleutosporodesma 06.284
冬孢子堆 telium, teleutosorus 06.279
冬眠孢型 micro-form 06.268
冬夏孢型 hemi-form 06.270
冬性 winterness 01.205
冬性植物 winter plant 01.141
动物顶极 zootic climax 11.156
冻害 freezing injury 09.370
冻原 tundra 11.301
兜状瓣 hood 02.399
*毒毛旋花子类强心甙 strophanthus cardiac glycoside 10.140
毒毛旋花子类强心苷 strophanthus cardiac glycoside 10.140
短角果 silicle 02.513
短命植物 ephemeral plant 01.137
短日照 short day 09.331
短日[照]植物 short day plant 09.333
短枝 dwarf shoot 02.078
锻炼 hardiness 09.373
段殖体 hormogon[ium] 05.018
断节孢子 merispore 06.376
*断裂 fragmentation 06.382
断落 fragmentation 06.382
堆膜 false membrane 06.286
对称[性] symmetry 01.197
对极孢子 blasteniospore, bipolar spore 07.071
对列纹孔式 opposite pitting 03.248
对生叶 opposite leaf 02.156

对生叶序　opposite phyllotaxy　02.133
盾盖　scutellum, placodium　06.158
盾片　scutellum　02.582
盾状毛　peltate hair　03.107
盾状囊壳　thyriothecium　06.148
盾状区　aspis　14.067
盾状叶　peltate leaf　02.169
多孢子现象　polyspory　04.052
多刺疏林　thorn woodland　11.314
多度　abundance　11.083
多度中心　abundance center　01.097
多酚　polyphenol　10.129
多隔孢子　phragmospore　06.353
多核雌器　gynophore　06.200
多核配子　coenogamete　05.128
多合花粉　polyad　14.010
多环式中柱　polycyclic stele　03.377
多精入卵　polyspermy　04.203
多境起源　polytopic origin　12.084
多孔的　polyporate　14.048
多孔沟的　polycolporate　14.052
多列射线　multiseriate ray　03.268
多年生植物　perennial plant　01.149
多胚现象　polyembryony　04.250
多歧聚伞花序　pleiochasium　02.273

多炔　polyacetylene　10.008
多室孢子　plurispore　05.119
多室孢子囊　plurilocular sporangium　05.122
多体雄蕊　polyadelphous stamen　02.413
多体中柱　polystele　03.375
多萜　polyterpene　10.071
多烯醇　polyene alcohol　10.102
多烯色素　polyene pigment　10.100
多烯烃　polyene hydrocarbon　10.101
多烯烃环氧化物　polyene hydrocarbon
　epoxide　10.104
多烯酮　polyene ketone　10.103
多细胞毛　multicellular hair　03.105
多样性　diversity　11.095
多样性指数　diversity index, richness index
　11.097
多样中心　diversity center　01.096
多优种群落　polydominant community
　11.027
多[元]顶极　polyclimax　11.151
多元发生[论]　polyphylesis, polygenesis
　12.082
多原型　polyarch　03.362
多汁果　succulent fruit　02.539

额外形成层　extra cambium　03.155
萼裂片　calyx lobe　02.370
萼片　sepal　02.371
萼筒　calyx tube　02.369
儿茶素　catechin　10.111
二叉脉序　dichotomous venation　02.229
二分体　dyad　04.119
二合花粉　dyad　14.008
 *二精入卵　disperumy　04.202
 *二名法　binomial nomenclature　01.214
二年生植物　biennial plant　01.148
二歧分枝式　dichotomy, dichotomous bran-
　ching　02.073

E

二歧聚伞花序　dichasium　02.271
二强雄蕊　didynamous stamen　02.418
二体雄蕊　diadelphous stamen　02.410
 *二萜　diterpene　10.069
二系菌丝的　dimitic　06.295
二氧化碳补偿点　CO_2 compensation point
　09.088
二氧化碳固定　carbon dioxide fixation
　09.061
二氧化碳施肥　carbon dioxide fertilization
　09.062
二原型　diarch　03.360

F

发生环　initial ring　03.055

发育　development　01.179

发育畸形　developmental malformation　09.288

发育节律　developmental rhythm　09.290

发育期　developmental phase　09.289

发育植物学　developmental botany　01.004

发育中心　developmental center　01.093

*法呢醇　farnesol　10.078

翻转　inversion　05.020

繁殖体　propagulum　05.015

反常整齐花　peloria　02.317

*反应木　reaction wood　03.191

反足核　antipodal nucleus　04.176

反足胚　antipodal embryo　04.256

反足吸器　antipodal haustorium　04.178

反足细胞　antipodal cell　04.177

泛北极间断分布　holarctic disjunction　12.046

泛北极起源　holarctic origin　12.087

泛大陆　Pangaea　12.040

泛南极间断分布　holantarctic disjunction　12.047

泛热带分布　pantropical distribution　12.045

泛生论　pangenesis　01.084

芳香化合物　aromatic compound　10.082

纺锤状原始细胞　fusiform initial　03.151

放牧演替　grazing succession　11.181

放射型迁移　radial migration　12.068

非必需元素　nonessential element　09.224

非叠生形成层　nonstoried cambium　03.158

非共生固氮生物　asymbiotic nitrogen fixer　09.220

非共生固氮作用　asymbiotic nitrogen fixation　09.219

非木本植物花粉　nonarboreal pollen, NAP　14.092

非生物因子　abiotic factor　11.189

非腺毛　nonglandular hair　03.111

非循环电子传递　noncyclic electron flow, noncyclic electron transport　09.081

非循环光合磷酸化　noncyclic photo-phosphorylation　09.078

*肥土植物　eutrophic plant, eutrophyte　11.222

费尔德群落　veld[t]　11.327

分布区　areal　12.054

分布区地理学　areographic geography　12.004

分布区型　areal type　12.055

分布中心　distribution center　01.091

分叉毛　furcate hair　02.245

分隔管胞　septate tracheid　03.199

分隔木纤维　septate wood fiber　03.079

分隔髓　diaphragmed pith　03.394

分隔纤维　septate fiber　03.081

分隔纤维管胞　septate fiber tracheid　03.200

分果　schizocarp　02.525

分果瓣　mericarp, coccus　02.527

分化　differentiation　01.185

分化期　differentiation phase　09.293

分解代谢　catabolism, katabolism　09.112

NPC 分类　NPC-classification　14.093

分类单位　taxon　01.049

*分类群　taxon　01.049

分离　chorisis　02.365

分泌道　secretory canal　03.316

分泌毛　secretory hair　03.110

分泌腔　secretory cavity　03.315

分泌绒毡层　secretory tapetum　04.104

分泌细胞　secretory cell　03.302

分泌组织　secretory tissue　03.301

分配　partitioning　09.253

分生孢子　conidium, conidiospore　06.350

分生孢子盾　pycnothyrium　06.328

分生孢子梗　conidiophore　06.334

分生孢子盘　acervulus　06.329

分生孢子器　pycnidium　06.327

分生孢子器梗　pycnidiophore　06.336

分生孢子体　conidiome　06.326

分生孢子原　conidium initial　06.384

分生孢子座　sporodochium　06.331

分生梗孢子　meristem spore　06.372

分生组织　meristem　03.017

分生组织区　meristem zone, meristem

region 03.337

分体产果式生殖 eucarpic reproduction 06.082

分枝毛 branched hair 03.118

分枝式 ramification 02.070

分枝纹孔 ramiform pit 03.218

分枝系统 branching system 02.069

分子植物学 molecular botany 01.048

分蘖 tiller, tillow 02.083

粉管受精 siphonogamy 04.196

粉芽 soredium 07.036

粉质胚乳 farinaceous endosperm 02.566

*丰富度指数 diversity index, richness index 11.097

莳烷衍生物 fenchane derivative 10.098

封闭层 closing layer 03.143

*蜂蜜花粉学 melittopalynology 14.003

蜂蜜孢粉学 melittopalynology 14.003

风布植物 anemochore, anemosporae 12.012

风虫媒 anemoentomophily 04.016

风媒 anemophily 04.012

风媒传粉 anemophilous pollination 04.013

风媒花 anemophilous flower 02.328

风媒植物 anemophilous plant 01.124

缝裂孔口 rima 06.156

缝裂囊壳 hysterothecium 06.152

佛焰苞 spathe 02.296

*佛焰花序 spadix 02.262

敷着生长 apposition growth 03.043

辐射对称 actinomorphy 02.351

辐射脉 radiate vein 02.236

*辐射型迁移 radial migration 12.068

*伏鲁宁菌丝 Woronin hypha 06.209

*伏鲁宁体 Woronin body 06.220

辅助色素 accessory pigment 09.066

辅助种 auxiliary species 11.075

腐生根 saprophytic root 02.026

腐生植物 saprophyte, saprophytic plant 01.111

副鞭体 paraflagellar body 05.043

副淀粉 paramylum 05.085

副萼 epicalyx, accessory calyx 02.372

副合沟的 parasyncolpate 14.037

副花冠 corona 02.385

副体 stylus 08.012

副卫细胞 subsidiary cell 03.090

副芽 accessory bud 02.099

副枝 ramulus 02.081

副转输组织 accessory transfusion tissue 03.403

覆盖层 tectum 14.021

覆盖层-具穿孔的 tectate-perforate 14.023

覆盖层-无穿孔的 tectate-imperforate 14.024

覆瓦状 imbricate 02.363

覆瓦状叶序 imbricate phyllotaxy 02.136

复表皮 multiple epidermis 03.086

复穿孔 multiple perforation 03.241

复雌蕊 compound pistil 02.453

复大孢子 auxospore 05.110

复顶枝 polytelome 02.061

复管孔 multiple pore 03.239

复果 collective fruit, multiple fruit 02.500

复合胞间层 compound middle lamella 03.438

复合顶枝 syntelome 02.057

复[合]花序 compound inflorescence 02.255

*复合中层 compound middle lamella 03.438

复囊体 aethalium 06.004

*复皮层 polyderm 03.139

复型[现象] pleomorphism, pleomorphy 06.032

复叶 compound leaf 02.145

复周皮 polyderm 03.139

*复组核 restitution nucleus 04.181

腹瓣 ventral lobe, postical lobe 08.009

腹缝线 ventral suture 02.473

腹沟核 ventral canal nucleus 04.067

腹沟细胞 ventral canal cell 04.066

[腹菌]产孢组织基板 trabecula 06.315

[腹菌]中轴 columella 06.318

腹叶 amphigastrium 02.179

富马原岛衣酸 fumarprotocetraric acid 07.069

富养植物 eutrophic plant, eutrophyte 11.222

附果 accessory fruit 02.540

附生孢子 epispore 05.115

附生根 epiphytic root 02.027

附生植物 epiphyte 01.108
附物纹孔 vestured pit 03.222
附载植物 phorophyte 01.109
附着鞭毛 haptonema 05.041

* 附着根 epiphytic root 02.027
附着器 appressorium 06.041
附着枝 hyphopodium 06.042

G

钙化植物 calcareous plant 13.023
钙土植物 calciphyte 11.197
盖度 coverage 11.082
盖果 pyxis, pyxidium 02.515
干果 dry fruit 02.508
干柱头 dry stigma 04.126
* 甘草皂甙 glycyrrhizin 10.150
甘草皂苷 glycyrrhizin 10.150
甘露地衣 manna lichen 07.009
柑果 hesperidium 02.533
感受 perception 09.359
感性 nasty 09.351
感夜运动 nyctinastic movement 09.358
感应性 irritability 09.357
感震运动 seismonastic movement 09.346
冈瓦纳植物区系 Gondwana flora 13.014
* 冈瓦纳植物群 Gondwana flora 13.014
刚毛 seta, bristle 02.238
纲 class 01.055
高等植物 higher plant 01.119
高地植物 upland plant 13.070
* 高寒植物 psychrophyte 11.206
高山垫状植被 alpine cushion-like vegetation 11.320
高山寒土植物 psychrophyte 11.206
高山[流石滩]稀疏植被 alpine talus vegetation 11.319
高山植物 alpine plant, acrophyte 11.224
高山植物区系 alpine flora 12.074
高渗溶液 hypertonic solution 09.137
高位芽植物 phaenerophyte 11.232
高温植物 megatherm 11.216
隔孔器 septal pore apparatus 06.258
隔孔塞 septal pore plug 06.261
隔离 isolation 12.061
[隔]离盘 separation disc 05.016
隔离种 isolated species, insular species 12.024

隔膜 dissepiment, septum 02.476
* 个体发生 ontogenesis, ontogeny 01.078
个体发育 ontogenesis, ontogeny 01.078
个字药 divergent anther 02.434
根 root 01.153
根被 velamen 03.345
根被皮 epiblem, rhizodermis 03.344
根出条 root sucker 02.015
根出叶 root leaf 02.154
根冠 root cap, calyptra 03.333
根冠比 root／shoot ratio 09.328
根迹 root trace 03.363
根际 rhizosphere 09.235
根尖 root tip 03.332
根茎过渡区 root-stem transition zone, root-stem transition region 03.341
根颈 root crown, corona 02.037
根瘤 root nodule, root tubercle 02.587
根毛 root hair 03.347
根毛区 root-hair zone, root-hair region 03.339
根蘖 root sprout 02.016
根鞘 root sheath 03.346
根生花序 radical inflorescence 02.253
根丝体 rhizoplast 06.064
根托 rhizophore 02.036
根系 root system 02.007
根压 root pressure 09.254
根[状]茎 rhizome 02.045
根状菌丝体 rhizomycelium 06.100
梗基 metula 06.345
梗尖 spicule, spiculum 06.248
梗颈 collulum 06.349
* 弓形带 arcus 14.066
拱盾状囊壳 pycnothecium 06.149
共建种 co-edificato 11.071

共生 symbiosis 01.192
共生成分 symbiont 01.193
*共生成员 symbiont 01.193
共生固氮生物 symbiotic nitrogen fixer 09.218
共生固氮作用 symbiotic nitrogen fixation 09.217
共生光合生物 photobiont 07.074
共生藻 phycobiont 07.075
共生植物 symbiotic plant 01.140
共无性型 synanamorph 06.030
共优种 co-dominant species 11.072
共质体 symplast 09.259
共质体运输 symplastic translocation 09.260
钩毛 glochidium 02.243
沟 colpus, furrow 14.032
沟间区 mesocolpium, intercolpium 14.068
沟界极区 apocolpium 14.069
沟膜 colpus membrane 14.061
孤雌生殖 parthenogenesis 04.029
孤雄生殖 male parthenogenesis 04.030
古分布区 paleoareal 12.056
古茎叶植物 paleocormophyte 13.019
古木材解剖学 paleoxylotomy 13.002
古热带间断分布 paleotropical disjunction 12.048
古细菌 archeobacteria 13.052
古羊齿型 archeopterid 13.038
古藻类学 paleophycology, paleoalgology 13.008
古植代 paleophyte 13.055
古植物地理学 paleophytogeography 13.004
古植物区系 paleoflora, geoflora 13.009
*古植物群 paleoflora, geoflora 13.009
古植物群落分布学 paleophytosynchorology 13.007
古植物群落生态学 paleophytosynecology 13.006
古植物生态学 paleophytoecology 13.005
古植物学 paleobotany 01.034
古种子学 paleocarpology 13.003
骨架菌丝 skeletal hyphae 06.293
蓇葖果 follicle 02.510
固氮酶 nitrogenase 09.216

固氮细菌 nitrogen-fixing bacteria 09.215
固氮作用 nitrogen fixation 09.214
固有盘壁 proper exciple 07.049
固有盘缘 proper margin 07.050
固着根 anchoring root 02.019
固着器 holdfast 06.040
关节 article, articulation 02.190
冠毛 pappus 02.404
冠囊体 stephanocyst 06.251
冠檐 limb 02.401
冠瘿瘤 crown-gall nodule 02.588
管胞 tracheid 03.197
管壁 dissepiment 06.262
管核 tube nucleus 04.084
管间纹孔式 intervascular pitting 03.245
管孔 pore 03.235
管细胞 tube cell 04.078
管状分子 tracheary element 03.169
*管状花冠 tubular corolla 02.374
管状中柱 siphonostele 03.369
灌丛 scrub 11.316
灌木 shrub, frutex(拉) 01.144
贯穿叶 perfoliate leaf 02.168
光饱和点 light saturation point 09.086
光补偿点 light compensation point 09.087
光催化剂 photocatalyst 09.089
光反应 light reaction 09.073
光复活 photoreactivation 09.021
光合产物 photosynthate, photosynthetic product 09.046
光合单位 photosynthetic unit 09.041
光合磷酸化 photophosphorylation 09.076
光合商 photosynthetic quotient 09.040
光合碳代谢 photosynthetic carbon metabolism 09.063
*光合碳还原环 Calvin cycle, photosynthetic carbon reduction cycle 09.064
光合有效辐射 photosynthetically active radiation, PAR 09.052
光合作用 photosynthesis 09.032
光呼吸 photorespiration 09.097
光化学诱导 photochemical induction 09.020
光还原 photoreduction 09.022
光活化 photoactivation 09.018

光活化反应 photoactive reaction 09.019
光解 photolysis 09.075
光敏感种子 light sensitive seed 09.317
光系统 photosystem 09.047
光氧化 photoxidation 09.023
光异养生物 photoheterotroph 09.004
光诱导 photoinduction 09.320
光照阶段 photostage, photophase 09.321
光周期现象 photoperiodism 09.279
光自动氧化 photoautoxidation 09.017
光自养生物 photoautotroph 09.003
* 广布属 cosmopolitan genus 12.033
* 广布种 cosmopolitan [species], cosmopolite species 12.027
广幅种 eurytopic species, generalist species 11.134
广歧药 divaricate anther 02.435
广域种 eurychoric species 11.136
规则萌发孔 nomotreme 14.029
硅化木 silicified wood 13.025
硅化植物 silicified plant 13.022
硅酸体 silicate body 03.432
硅藻分析 diatom analysis 13.073

硅藻土 diatomaceous earth 05.061
硅藻细胞 frustule 05.060
硅质囊膜 silicalemma 05.059
硅质细胞 silica cell 03.136
国家植物志 national flora 12.080
果胞 carpogone 05.129
果胞丝 carpogonial filament 05.130
果孢子 carpospore 05.116
果柄 carpopodium 02.548
* 果鳞 seminiferous scale 02.556
果皮 pericarp 02.543
* 果壳 proper exciple 07.049
* 果壳缘部 proper margin 07.050
果肉 sarcocarp, pulp 02.547
果实 fruit 01.158
* 果实直感 metaxenia 04.188
* 果托 thalline exciple 07.048
果心 centrum 06.171
果序 infructescence 02.496
过度生长 hypertrophy, over-growth 09.314
过渡区 transition zone 03.053
过敏性 hypersensitivity 09.014

H

哈氏网 Hartig net 06.076
海绵组织 spongy tissue 03.401
含晶细胞 crystal cell 03.416
含晶纤维 crystal fiber 03.418
含晶异细胞 crystal idioblast 03.417
* 含氰甙 cyanogentic glycoside 10.135
含氰苷 cyanogentic glycoside 10.135
含油层 tryphine 04.107
寒害 chilling injury 09.369
寒武纪植物 cambrian plant 13.051
旱生演替系列 xerosere, xerarch sere 11.166
旱生植物 xerophyte 01.103
核 stone 02.552
核地衣 pyrenolichen 07.007
核果 drupe 02.534
核菌果 pyrenocarp 06.134
核帽 nuclear cap 06.065
核配合 karyogamy 04.204

核融合 karyomixis 04.200
核型胚乳 nuclear [type] endosperm 04.215
何帕烷型 hopane type 10.093
合瓣 synpetal, gamopetal 02.393
合瓣花 synpetalous flower 02.322
合成代谢 anabolism 09.113
合点 chalaza 04.159
合点端 chalazal end 04.158
合点腔 chalazal chamber 04.153
合点受精 chalazogamy 04.194
合点吸器 chalazal haustorium 04.151
合沟的 syncolpate 14.036
合[片]萼 synsepal, gamosepal 02.368
合蕊冠 gynostegium 02.444
合蕊柱 gynostemium 02.467
合生纹孔口 coalescent aperture 03.216
合心皮果 syncarp 02.503
合轴孢子 sympodulospore, sympo-

dioconidium 06.366

合轴产孢细胞 sympodula 06.385

合轴分枝 sympodial branching 02.072

合子 zygote 04.206

合子胚 zygotic embryo 04.253

*赫克兰德溶液 Hoagland solution 09.200

褐藻素 pheophytin 05.083

壑 sink 09.258

黑茶渍素 atranorin[e] 07.067

黑粉菌孢子 smut spore, ustilospore, ustospore 06.287

黑粉菌孢子球 smut ball, spore ball 06.289

[黑粉菌]小孢子 sporidium 06.288

痕量元素 trace element 09.208

横锤担子 chiastobasidium 06.240

横切面 cross section, transverse section 01.206

横生胚珠 hemi[ana]tropous ovule 02.493

横卧射线细胞 procumbent ray cell 03.274

恒水植物 homeohydric plant 11.205

恒有度 constancy 11.086

恒有种 constant species 11.076

红降 red drop 09.051

红树林 mangrove forest, halodrymium 11.310

红形素 rhodomorphin 05.081

红藻淀粉 floridean starch 05.082

喉凸 palate 02.388

厚壁组织 sclerenchyma 03.069

厚角组织 collenchyma 03.068

厚垣孢子 chlamydospore 06.051

厚垣孢子囊 resistant sporangium 06.087

厚珠心胚珠 crassinucellate ovule 04.141

后含物 ergastic substance 03.408

后生木质部 metaxylem 03.168

后生韧皮部 metaphloem 03.281

后生异粉性 metaxenia 04.188

后熟[作用] after-ripening 04.226

后效 after-effect 09.045

*呼吸[高]峰 climacteric 09.106

呼吸根 respiratory root 02.028

呼吸计 respirometer 09.092

呼吸商 respiratory quotient, RQ 09.094

呼吸速率 respiratory rate 09.091

呼吸跃变 climacteric 09.106

呼吸[作用] respiration 09.090

胡萝卜素 carotene 10.099

槲果 glans, acorn 02.524

狐猴式分布格局 lemurian dispersal-pattern 12.091

狐猴式洲际间断分布 lemurian inter-continental disjunction 12.052

糊粉层 aleurone layer 03.412

糊粉粒 aleurone grain 03.413

弧形带 arcus 14.066

弧形脉序 arcuate venation 02.230

瓠果 pepo, gourd 02.532

互列纹孔式 alternate pitting 03.249

互生叶 alternate leaf 02.155

互生叶序 alternate phyllotaxy 02.132

花 flower 01.157

花瓣 petal 02.391

花被 perianth 02.356

花被卷叠式 aestivation, praefloration 02.360

花被筒 perianth tube 02.357

花程式 flower formula 02.346

花萼 calyx 02.366

花粉 pollen 04.110

[花粉]壁蛋白 wall-held protein 04.122

花粉管 pollen tube 04.112

花粉块 pollinium 14.011

花粉块柄 caudicle 02.447

花粉粒 pollen grain 04.111

花粉母细胞 pollen mother cell 04.113

花粉囊 pollen sac 02.445

花粉鞘 pollenkitt 04.125

花粉生长因素 pollen growth factor, PGF 04.135

花粉小块 massula 14.012

花梗 pedicel 02.307

花冠 corolla 02.373

花冠柄 anthophore 02.386

花冠喉 corolla throat 02.387

花冠裂片 corolla lobe 02.390

花冠筒 corolla tube 02.389

花蕾 alabastrum 02.338

花蜜 nectar 03.305

花盘 [floral] disc 02.355

花蕊同长 homogony 02.344
花蕊异长 heterogony 02.345
花色素 anthocyanidin 10.112
＊花色素甙 anthocyanin 10.114
花色素苷 anthocyanin 10.114
花[上]蜜腺 floral nectary 03.306
花生态学 anthecology 11.017
花丝 filament 02.427
花葶 scape 02.306
花图式 flower diagram 02.347
花托 receptacle 02.353
花外蜜腺 extrafloral nectary 03.307
花序 inflorescence 02.248
花序梗 peduncle 02.286
花序托 receptacle of inflorescence 02.290
花序轴 rachis 02.287
花芽 flower bud 02.101
花药 anther 02.428
花药培养 anther culture 09.265
花叶 floral leaf 02.358
花轴 floral axis 02.352
花柱 style 02.463
花柱道 stylar canal 04.139
花柱同长 homostyly 02.464
花柱异长 heterostyly 02.465
华莱士线 Wallace's line 12.053
华夏植物区系 Cathaysian flora 13.017
＊华夏植物群 Cathaysian flora 13.017
滑过生长 gliding growth, sliding growth 03.041
化感作用 allelopathy 11.108
化能合成 chemosynthesis 09.065
化石根 radicite 13.030
化石果 lithocarp 13.034
化石茎 fossil stem 13.031
化石木 fossil wood 13.033
化石森林 fossil forest 13.035
＊化石叶 phyllite, lithophyll 13.032
化石植物 fossil plant 13.029
化石植物学 fossil botany 13.001
化学型 chemical type 10.004
化学宗 chemical race 10.003
怀特溶液 White solution 09.242
环割 ring girdling 09.248

环沟的 zonocolpate 14.038
环管薄壁组织 vasicentric parenchyma 03.258
环痕孢子 annellospore 06.375
环痕[产孢]的 annellidic 06.389
环痕梗 annellide, annellophore 06.341
环极间断分布 circumpolar disjunction 12.050
环境生理 environmental physiology 09.366
环境植物学 environmental botany 11.002
环境指示者 environmental indicator 11.196
环孔材 ring-porous wood 03.180
环木脂内酯 cyclolignolide 10.167
环木脂体 cyclolignan 10.166
环髓带 perimedullary zone, perimedullary region 03.395
＊环髓区 perimedullary zone, perimedullary region 03.395
环肽类生物碱 cyclopeptide alkaloid 10.043
环纹导管 ringed vessel 03.229
＊环烯醚萜甙 iridoid glycoside 10.074
环烯醚萜苷 iridoid glycoside 10.074
环烯醚萜类化合物 iridoid 10.072
环状加厚 annular thickening 03.171
环状树皮 ring bark 03.127
荒漠 desert 11.294
荒漠地衣 desert lichen 07.008
荒漠植物 eremophyte 01.133
＊黄花夹竹桃类强心甙 thevetia cardiac glycoside 10.142
黄花夹竹桃类强心苷 thevetia cardiac glycoside 10.142
黄化 etiolation 09.300
黄铁矿化植物 pyritized plant 13.020
黄酮 flavone 10.120
黄酮醇 flavonol 10.122
黄酮类化合物 flavonoid 10.118
黄烷 flavane 10.117
灰分 ash 09.188
挥发油 volatile oil 10.083
回旋转头运动 circumnutation 09.343
＊毁坏植物 strangler 11.242
喙 rostrum, beak 08.026
混合花序 mixed inflorescence 02.256

混合芽　mixed bud　02.102
活动芽　active bud　02.103
活力　vigor　01.201

活力论　vitalism　01.202
火烧顶极　fire climax, pyric climax　11.153
霍格兰溶液　Hoagland solution　09.200

J

基本分生组织　ground meristem　03.031
基本系统　fundamental system　03.056
基本组织　fundamental tissue, ground tissue　03.057
基部受精　basigamy　04.195
基层　foot layer　14.026
基面积样方　basal-area quadrat　11.045
基群丛　sociation　11.280
基生胎座式　basal placentation　02.483
基生叶　basal leaf　02.167
基体　basal body　05.032
基细胞　basal cell　04.228
基质层　hypothallus　06.009
* 基质势　matric potential　09.156
基着药　basifixed anther, innate anther　02.430
机械组织　mechanical tissue　03.067
畸羊齿型　mariopterid　13.044
* 积雪草皂贰　asiaticoside　10.152
积雪草皂苷　asiaticoside　10.152
迹隙　trace gap　03.391
激感性　excitability　09.353
鸡冠状突起　crista　02.400
极　pole　14.075
极核　polar nucleus　04.175
极面观　polar view　14.077
[极面观]轮廓　amb[it], AMB　14.072
极性　polarity　01.195
极性运输　polar translocation　09.325
极轴　polar axis　14.076
* 瘠土植物　oligotrophic plant　11.223
棘胞　acanthocyte　06.250
[棘]刺　thorn　02.089
集光叶绿素蛋白复合物　light harvesting chlorophyll-protein complex, LHCP　09.043
集聚　assemblage　11.110
集流　mass flow　09.251
脊下道　carinal canal　13.063

* 脊下痕　carinal canal　13.063
脊下腔　carinal cavity　13.062
季[风]雨林　monsoon forest　11.305
季节隔离　seasonal isolation　12.064
季相　seasonal aspect　11.140
寄生根　parasitic root　02.025
寄生藻类　parasitic algae　05.005
寄生植物　parasitic plant　01.110
记名样方　list quadrat　11.041
夹膜　capsule　05.045
加里格群落　garigue　11.328
荚果　legume, pod　02.511
甲羟戊酸　mevalonic acid　10.080
假孢子　pseudospore　06.018
假薄壁组织　pseudoparenchyma, paraplecten-chyma　06.044
假杯点　pseudocyphella　07.043
假侧丝　pseudoparaphysis, cataphysis　06.188
假侧丝状果心残留丝　pseudoparaphyses-like centrum remnants　06.193
假二歧分枝式　false dichotomy　02.075
假根　rhizoid　02.035
假果　false fruit　02.498
假鳞茎　pseudobulb　02.049
假脉　false nerve　02.218
假面状花冠　personate corolla　02.384
* 假膜　false membrane　06.286
假囊层被　pseudoepithecium　06.163
假蒴萼　pseudoperianth　08.038
假蒴轴　pseudocolumella　08.035
假年轮　false annual ring　03.190
假融合　pseudomixis　04.209
假丝体　pseudofilament　05.013
假循环光合磷酸化　pseudo-cyclic photo-phosphorylation　09.079
假种皮　aril　02.560
假珠芽　pseudobulbil　02.109
假子囊果　pseudothecium　06.142

假子囊壳 pseudoperithecium 06.146

坚果 nut 02.522

间断传播 distance dispersal, distance dispersion 12.094

间断分布 disjunction, discontinuous distribution 12.042

间断分布带 discontinuous zone 12.043

间断分布区 areal disjunction, discontinuous areal 12.058

间小羽片 intercalated pinnule 02.129

碱沼 fen 11.297

简单多胚[现象] simple polyembryony 04.251

[简]单花序 simple inflorescence 02.254

简单喹啉类生物碱 simple quinoline alkaloid 10.034

剪除样方 clip quadrat 11.043

*减数分裂孢子囊 meiosporangium 06.087

鉴别种 diagnostic species 11.066

建群种 edificato 11.069

浆果 berry, bacca 02.531

浆片 lodicule 02.303

胶囊体管 gl[o]eovessel 06.253

*胶群体 palmella 05.024

胶质地衣 gleolichen 07.010

胶质鞘 gelatinous sheath 05.014

胶质纤维 gelatinous fiber 03.080

交叉场 cross field 03.224

交叉场纹孔式 cross-field pitting 03.225

嚼烂状胚乳 ruminate endosperm 02.565

脚胞 foot cell 06.344

角齿 apical teeth 08.013

角化层 cutinized layer 03.124

角化[作用] cutinization 03.123

角黄素 canthaxanthin 05.073

角质 cutin 03.121

角质层 cuticle 03.122

*角质层 cuticle 03.120

*角质层分析 cuticle analysis 13.071

角质膜 cuticle 03.120

角质膜分析 cuticle analysis 13.071

角质膜形成[作用] cuticularization 03.125

角质膜蒸腾 cuticular transpiration 09.132

角鲨烯 squalene 10.079

绞合细胞 hinge cell 03.096

绞杀植物 strangler 11.242

揭片法 peel method 13.072

接触群落 contact community 11.025

接合孢子 zygospore 06.124

*接合孢子柄 zygosporophore 06.122

接合孢子果 zygosporocarp 06.118

接合孢子囊 zygosporangium 06.123

接合管 conjugation tube 05.089

接合配子囊 zygamgium 06.121

接合枝 zygophore 06.117

接合[作用] conjugation 05.088

接着面 commissure 02.528

阶段发育 phasic development 09.319

节 node 02.066, nodum 11.274

节孢子 arthrospore, fragmentation spore 06.371

节分枝毛 ganglioneous hair 02.246

节荚 loment 02.551

节间 internode 02.067

节律 rhythm 09.327

节生[产孢]的 arthric 06.390

节下道 infranodal canal 13.065

*节下痕 infranodal canal 13.065

拮抗物 antagonist 09.186

拮抗作用 antagonism, antagonistic action 09.185

孑遗种 relic[t] species, epibiotic species 12.017

*桔梗皂甙 platycodin 10.153

桔梗皂苷 platycodin 10.153

结构植物学 structural botany 03.002

结合指数 association index 11.093

*结晶 crystal 03.419

*结晶细胞 crystal cell 03.416

解除锻炼 dehardening 09.374

解联剂 uncoupler 09.124

芥子油 mustard oil 10.136

界 kingdom 01.050

界限薄壁组织 boundary parenchyma 03.256

金鸡纳属生物碱 cinchona alkaloid 10.059

金藻色素 chrysochrome 05.078

金藻叶黄素 chrysoxanthophyll 05.079

进化论 evolutionism, evolutionary theory 01.086

菌根营养　mycotrophy　09.211
菌管　tub[ul]e　06.297
菌核　sclerotium　06.062
菌核果　sclerocarp　06.063
菌环　annulus, ring, hymenial veil　06.304
菌幕　veil, velum　06.303
菌裙　indusium　06.317
菌肉　context, flesh　06.299
菌肉下层　hypophyll[um]　06.231
菌绳　hyphal cord　06.037
菌丝　hypha　06.035
菌丝层　subiculum, subicle　06.060

* 菌丝分生孢子　myceloconidium　06.126
菌丝结　hyphal knot　06.036
菌丝束　hyphal strand　06.038
菌丝体　mycelium　06.034
菌髓　trama　06.229
菌索　rhizomorph　06.039
菌索基　hapteron　06.324
菌体　thallus　06.033
菌托　volva　06.311
菌纤索　funiculus, funicle, funicular cord　06.323
菌褶　lamella, gill　06.300

K

卡尔文循环　Calvin cycle, photosynthetic carbon reduction cycle　09.064
* 卡哈苡苷　stevioside　10.147
卡廷加群落　caatinga　11.333
开放层　open tier　04.245
开放脉序　open venation　02.226
开花　flowering, anthesis　01.182
凯氏带　Casparian strip, Casparian band　03.352
凯氏点　Casparian dots　03.353
莰烷衍生物　camphane derivative　10.096
* 坎普群落　campo　11.323
抗氰呼吸　cyanide−resistant respiration　09.100
抗生长素　antiauxin　09.266
抗性　resistance　09.371
抗张强度　tensile strength　09.166
抗蒸腾剂　antitranspirant　09.125
科　family　01.059
* 可更新资源　renewable resources　11.258
可再生资源　renewable resources　11.258
克兰茨结构　Kranz structure　09.083
克隆　clone　01.075
克诺普溶液　Knop solution　09.204
* 克诺普氏溶液　Knop solution　09.204
空间隔离　spatial isolation　12.063
[空心]秆　culm　02.088
孔　pore, porus　14.042
孔出分生孢子　tretoconidium, tretic conidium, poroconidium　06.374
孔盖　operculum　14.064
孔沟的　colporate　14.050
孔环　annulus　14.065
孔间区　mesoporium　14.070
孔界极区　apoporium　14.071
孔口　ostiole, ostiolum　06.155
孔链　pore chain　03.237
孔裂　poricidal dehiscence　02.443
孔膜　pore membrane, porus membrane　14.062
孔腔　vestibule, vestibulum　14.063
孔生[产孢]的　tretic, porogenous　06.391
* 孔室　vestibule, vestibulum　14.063
孔团　pore cluster　03.236
孔纹导管　pitted vessel　03.231
* 枯枝落叶　litter　11.116
苦木素　quassin　10.010
苦味素　bitter principle　10.077
跨膜电势　transmembrane potential　09.030
块根　root tuber　02.034
块茎　tuber　02.046
矿质营养　mineral nutrition　09.210
矿质元素　mineral element　09.209
盔瓣　galea, cucullus　02.398
喹啉类生物碱　quinoline alkaloid　10.062
喹嗪烷类生物碱　quinolizidine alkaloid　10.020
喹唑啉类生物碱　quinazoline alkaloid　10.036

阔叶材　hardwood, dicotyledonous wood, broad leaf wood　03.187

L

蜡盘型　biatorine type　07.054
蓝色小体　cyanelle　05.055
蓝隐藻黄素　monadoxanthin　05.072
蓝藻黄素　myxoxanthin　05.069
蓝藻素颗粒　cyanophycin granule　05.054
蓝藻叶黄素　myxoxanthophyll　05.071
蓝质体　cyanoplast　05.053
劳亚植物区系　Laurasia flora　12.072
老化　aging　09.264
肋状分生组织　file meristem, rib meristem　03.029
类侧丝　paraphysoid, tinophysis　06.187
类短命植物　ephemeroid　11.231
*类晶体　crystalloid　03.420
类囊体　thylakoid　09.029
类缘丝　periphysoid　06.191
类柱头组织　stigmatoid tissue　04.129
棱晶[体]　prismatic crystal　03.425
冷害　cold injury　09.368
梨果　pome　02.537
离瓣　choripetal　02.392
离瓣花　choripetalous flower　02.321
离层　abscission layer　03.404
离管薄壁组织　apotracheal parenchyma　03.253
离[片]萼　chorisepal　02.367
离区　abscission zone　03.405
离生雄蕊　adelphia, distinct stamen　02.408
离心皮雌蕊　apocarpous gynoecium, apocarpous pistil　02.457
离心皮果　apocarp　02.502
*离质体　apoplast　09.261
*离质体运输　apoplastic translocation　09.262
离子导体　ionophore　09.203
历史发育　historical development　01.080
历史植物地理学　historical plant geography　12.007
立木度　stocking　11.091
γ粒　γ-particle　06.067
*联结[现象]　anastomosis　02.224

联络菌丝　binding hyphae, ligative hyphae　06.291
联络索　connecting strand　03.293
联囊体　plasmodiocarp　06.003
莲座层　rosette tier　04.242
莲座胚　rosette embryo　04.244
莲座细胞　rosette cell　04.243
莲座叶　rosette leaf　02.158
莲座状沙晶　rosette sand crystal　03.429
莲座状叶序　rosulate phyllotaxy, rosette phyllotaxy　02.138
莲座状植物　rosette plant　11.239
连萼瘦果　cypsela　02.517
连续分布区　continuous areal　12.057
连续培养　continuous culture　09.278
连续型　successive type　04.121
镰形能育丝　falx　06.339
镰形能育丝柄　falciphore　06.340
镰状聚伞花序　drepanium　02.280
两侧对称　zygomorphy, bilateral symmetry　02.348
两栖植物　amphiphyte　01.107
两性花　bisexual flower, hermaphrodite flower　02.308
两性生殖　bisexual reproduction, amphigenesis　04.027
量子产额　quantum yield　09.050
量子效率　quantum efficiency　09.048
量子需量　quantum requirement　09.049
裂果　dehiscent fruit　02.509
*裂痕　tetrad mark, tetrad scar, laesura　14.090
裂环　diffractive ring　06.179
*裂环烯醚萜甙　secoiridoid glycoside　10.075
裂环烯醚萜苷　secoiridoid glycoside　10.075
裂环烯醚萜类化合物　secoiridoid　10.073
裂片　lobe　02.210
裂溶生间隙　schizo-lysigenous space　03.313
裂生多胚[现象]　cleavage polyembryony　04.252
裂生间隙　schizogenous space　03.311

裂芽　isidium　07.039

裂叶体　phyllidium　07.040

裂殖[作用]　schizogenesis　05.087

* 林分　stand　11.036

* 林分结构　stand structure　11.142

林木结构图解　phytograph　11.117

临界暗期　critical dark-period　09.280

临界期　critical period　09.282

临界日长　critical day-length　09.281

临界质壁分离　critical plasmolysis　09.128

鳞盾　apophysis　02.557

鳞茎　bulb　02.048

鳞片　scale　02.184

鳞芽　scaly bud　02.106

鳞叶　scale leaf　02.177

鳞状树皮　scale bark　03.128

* 铃兰类强心甙　convallaria cardiac glycoside
10.141

铃兰类强心苷　convallaria cardiac glycoside
10.141

流水植物　rheophyte　11.212

龙骨瓣　keel　02.396

漏斗状花冠　funnel-shaped corolla　02.375

* 芦丁　rutin, rutoside　10.154

鹿蕊松林　pinetum cladinosum(拉)　07.019

鹿蕊云杉林　picetum cladinosum(拉)　07.020

* 鹿石蕊松林　pinetum cladinosum(拉)　07.019

* 鹿石蕊云杉林　picetum cladinosum(拉)
07.020

陆桥　[continental] bridge　12.039

陆桥学说　continental bridge theory　12.085

陆生根　terrestrial root　02.021

陆生藻类　terrestrial algae　05.006

陆生植物　terrestrial plant　01.100

绿色组织　chlorenchyma　03.060

卵　egg　04.071

卵孢子　oospore　05.113

卵核　egg nucleus　04.166

卵膜　egg membrane　04.167

卵器　egg apparatus　04.168

卵球　oosphere　06.096

卵式生殖　oogamy　05.097

卵质　ooplasm　06.092

卵质体　ooplast　06.093

[卵]周质　periplasm　06.094

轮生鞭毛　stephanokont　05.040

轮生花　cyclic flower, verticillate flower
02.323

轮生叶　verticillate leaf, whorled leaf　02.157

轮生叶序　verticillate phyllotaxy　02.134

轮状花冠　rotate corolla　02.379

轮状聚伞花序　verticillaster　02.275

伦敦粘土植物区系　London clay flora　13.011

* 伦敦粘土植物群　London clay flora　13.011

螺纹导管　spiral vessel　03.230

螺纹加厚　spiral thickening, helical thickening
03.172

螺旋状萌发孔　spiraperture, spirotreme
14.028

螺旋状叶序　spiral phyllotaxy　02.137

螺状聚伞花序　bostrix　02.279

裸囊果　gymnocarp　06.153

裸囊壳　gymnothecium　06.154

裸芽　naked bud　02.107

落皮层　rhytidome　03.140

落叶　deciduous leaf　02.142

落叶阔叶林　deciduous broad-leaved forest,
summer green forest　11.303

* 洛马群落　loma　11.325

M

麻黄属生物碱　ephedra alkaloid　10.049

马基斯群落　maquis　11.329

* 马基亚群落　macchia　11.329

吗啡烷类生物碱　morphinane alkaloid
10.025

麦角类生物碱　ergot alkaloid　10.033

脉端　vein end　02.220

脉脊　vein rib　02.219

脉间区　vein islet, intercostal area　02.221

* 脉梢　vein end　02.220

脉序　venation, nervation　02.225

脉羊齿型　neuropterid　13.039

芒　awn, arista　02.180

盲纹孔　blind pit　03.223

毛孢子　trichospore　06.116

毛被　indumentum　02.237

*毛地黄类强心甙　digitalis cardiac glycoside　10.139

毛地黄类强心苷　digitalis cardiac glycoside　10.139

*毛地黄皂甙　digitonin　10.157

毛地黄皂苷　digitonin　10.157

毛状体　trichome　03.100

帽　cap[pa]　14.087

帽缘　cap ridge, crista marginalis　14.088

帽状体　calyptra, calypter　05.026

煤核　coal ball　13.058

煤化[作用]　coalification　13.026

眉条　crassulae　03.226

门　division, phylum　01.053

萌发　germination　01.181

萌发孔　aperture, trema　14.027

蒙克孔　Munk pore　06.161

*孟克孔　Munk pore　06.161

咪唑类生物碱　imidazole alkaloid　10.037

秘鲁草原　loma　11.325

蜜腺　nectary　03.304

密度　density　11.081

密灌丛　thicket　11.318

密伞花序　fascicle　02.268

密伞圆锥花序　panicled thyrsoid cyme　02.278

密丝组织　plectenchyma　06.043

灭藻剂　algicide　05.007

民族植物学　ethnobotany　01.044

皿状体　plakea　05.025

敏感性　susceptibility　09.011

敏感植物　sensitive plant　11.218

明暗分析　LO–analysis　14.073

明暗图案　LO–pattern　14.074

膜皮　cutis, pellis, cuticula　06.223

膜片　chaff　02.297

末端电子受体　terminal electron acceptor　09.123

末端细胞　terminal cell　03.098

末端氧化酶　terminal oxidase　09.122

墨角藻黄素　fucoxanthin　05.074

木薄壁组织　wood parenchyma, xylem parenchyma　03.252

木本沼泽　swamp　11.296

木本植物花粉　arboreal pollen, AP　14.091

木材　wood　03.176

木材解剖学　wood anatomy　03.008

木射线　xylem ray　03.266

木栓　cork, phellem　03.131

木栓细胞　cork cell　03.135

木栓形成层　cork cambium, phellogen　03.130

木纤维　wood fiber　03.078

木脂内酯　lignanolide　10.165

木脂体　lignan, lignanoid　10.162

木质部　xylem　03.160

木质部岛　xylem island　03.166

木质部母细胞　xylem mother cell　03.162

木质部原始细胞　xylem initial　03.161

木质化[作用]　lignification　09.027

木质素　lignin　10.130

目　order　01.057

牧场　pasture　11.145

N

耐火植物　pyrophyte　11.220

耐性　tolerance　09.372

耐阴植物　shade–enduring plant　11.209

耐拥挤植物　stress–tolerant plant　11.227

南极界　antarctic realm　12.035

囊层被　epithecium　06.162

囊层基　hypothecium　06.165

囊层皮　epithecial cortex　06.166

囊盖　operculum　06.175

囊间假薄壁组织　interascal pseudoparenchyma　06.184

囊间组织　hamathecium　06.183

囊领　collar　06.108

囊盘被　excipulum, exciple　06.167

囊盘状子囊座　discothecium　06.151

囊盘总层　lamina　06.170

囊腔地衣　ascolocular lichen　07.004

囊托　apophysis　06.111

囊轴　columella　06.109

囊状体　cystidium　06.226

囊状衣瘿　sacculate cephalodium　07.045

内包膜　inner investment　05.058

内壁蛋白　intine-held protein　04.124

*内齿层　endo[peri]stome, endostomium 08.032

内顶突　nassace, nasse, tholus　06.176

内分生孢子　endoconidium　06.364

内稃　palea　02.302

内果皮　endocarp　02.546

内函韧皮部　included phloem　03.283

内函小脉　included veinlet　02.217

*内菌幕　partial veil, inner veil　06.307

内孔　os, endoporus　14.044

内模相　knorria　13.068

内皮层　endodermis　03.351

内壳面　internal valve　05.052

内渗　endosmosis　09.196

内生孢子　endospore　06.048

内生菌根　endomycorrhiza　02.594

内生韧皮部　internal phloem　03.282

内生源　endogenous origin　01.177

内生藻类　endophytic algae　05.004

内始式　endarch　03.358

内蒴齿　endo[peri]stome, endostomium　08.032

内填生长　intussusception growth　03.042

内向药　introrse anther　02.436

内衣瘿　inner cephalodium　07.046

内因演替　endogenetic succession　11.171

内颖　inner glume　02.300

内源呼吸　endogenous respiration　09.103

内源节律　endogenous rhythm, endogenous timing　09.298

内源周期性　endogenous periodicity　09.299

内珠被　inner integument　04.147

能育小羽片　fertile pinnule　02.125

能育[性]　fertility　01.189

能育叶　fertile frond, fertile leaf　02.121

能育羽片　fertile pinna　02.124

拟鞭毛　pseudoflagellum　05.042

拟除虫菊酯　pyrethroid　10.012

拟分生组织　meristemoid　03.032

拟沟　colpoid　14.033

拟晶体　crystalloid　03.420

拟茎体　caulidium　13.060

拟孔　poroid　14.043

拟萌发孔　aperturoid, tremoid　14.031

拟木栓细胞　phelloid cell　03.137

拟叶体　phyllidium　13.061

年轮　annual ring　03.189

粘孢囊　myxosporangium　06.002

粘孢子　myxospore　06.017

粘变形体　myxamoeba　06.014

粘分生孢子团　pionnotes　06.330

[粘菌]孢囊被　peridium　06.006

[粘菌]大囊胞　macrocyst　06.020

[粘菌]小囊胞　microcyst　06.019

*粘盘　retinaculum, viscid disc　02.448

粘液道　mucilage canal　03.319

粘液毛　colleter　03.108

粘液腔　mucilage cavity　03.318

粘液塞　slime plug　03.296

粘液体　slime body　03.295

粘液细胞　mucilage cell　03.317

*粘藻黄素　myxoxanthin　05.069

*粘藻叶黄素　myxoxanthophyll　05.071

*粘着盘　adhesive disc　06.040

鸟媒　ornithophily　04.019

鸟媒传粉　ornithophilous pollination　04.020

鸟媒花　ornithophilous flower　02.330

镊合状　valvate　02.361

柠檬苦素类化合物　limonoid　10.076

农业生态学　agroecology　11.001

O

欧美植物区系　Euramerican flora　13.013

*欧美植物群　Euramerican flora　13.013

欧亚植物区系　Eurasian flora　13.012

*欧亚植物群　Eurasian flora　13.012

偶见种　casual species, incidental species, occasional species　11.061

P

帕拉莫群落 paramo 11.331

* 排斥反应 rejection reaction 04.132

排水器 hydathode 03.308

排水细胞 hydathodal cell 03.309

蒎烷衍生物 pinane derivative 10.095

哌啶类生物碱 piperidine alkaloid 10.019

攀缘根 climbing root 02.024

攀缘茎 climbing stem 02.042

攀缘运动 climbing movement 09.344

攀缘植物 climber, climbing plant 01.112

* 潘帕斯群落 pampas 11.322

盘[状子]囊果 discocarp 06.139

泡囊 vesicle 05.046

泡状鳞片 bulliform scale, vesicular scale 02.185

泡状细胞 bulliform cell 03.093

胚 embryo 01.160

胚柄 suspensor 02.574

胚柄层 suspensor tier 04.240

胚柄胚 suspensor embryo 04.258

胚柄吸器 suspensor haustorium 04.247

胚根 radicle 02.575

胚根背倚胚 notorrhizal embryo 02.569

胚根鞘 coleorhiza 02.576

胚根原 hypophysis 04.248

胚根缘倚胚 pleurorhizal embryo 02.568

胚管 embryonal tube 04.231

胚囊 embryo sac 04.160

胚囊管 embryo sac tube 04.165

胚囊母细胞 embryo sac mother cell 04.161

胚乳 endosperm 02.564

胚乳胚 endosperm embryo 04.254

胚乳吸器 endosperm haustorium 04.221

* 胚胎发生 embryogenesis, embryogeny 04.222

胚胎发育 embryogenesis, embryogeny 04.222

胚胎系统发育 phylembryogenesis 04.223

胚体 embryo proper 02.573

胚芽 plumule 02.580

胚芽鞘 coleoptile 02.581

胚芽原 epiphysis 04.249

胚轴 embryonal axis 02.577

胚珠 ovule 02.489

胚状体 embryoid 04.261

培养液 culture solution 09.007

配囊柄 suspensor 06.122

配子 gamete 05.125

配子囊 gametangium 06.120

配子配合 syngamy 04.197

配子体 gametophyte 05.105

* 配子体世代 gametophyte generation 05.102

膨压 turgor pressure 09.147

膨胀 turgor, turgescence 09.146

膨胀度 turgidity 09.145

膨胀运动 turgor movement 09.342

皮层 cortex 03.349

皮层原 periblem 03.047

皮刺 aculeus 02.183

皮孔 lenticel[le] 03.141

皮孔蒸腾 lenticular transpiration 09.133

皮系统 dermal system 03.084

偏上性 epinasty 09.352

* 偏途顶极 disclimax, plagioclimax 11.155

偏宜种 selective species 11.064

胼胝体 callus 03.294

胼胝质塞 callose plug 04.136

漂浮植物 fluitante 11.210

嘌呤类生物碱 purine alkaloid 10.038

频度 frequency 11.080

频度中心 frequency center 01.098

贫养植物 oligotrophic plant 11.223

品系 strain 01.074

平衡溶液 balanced solution 09.221

平衡石 statolith 03.336

平衡细胞 statocyte 03.335

平行脉 parallel vein 02.232

平周壁 periclinal wall 03.434

平周分裂 periclinal division 01.211

凭证标本 voucher specimen 01.216

瓶胞 ampulla 06.346

瓶梗 phialide 06.347

瓶梗孢子　phialospore　06.373
瓶梗[产孢]的　phialidic　06.388
瓶梗托　phialophore　06.348
破生间隙　rhexigenous space　03.314
剖面样条　bisect, layer transect　11.050
匍匐茎　stolon, creeping stem　02.044

匍匐丝　stolon　06.127
匍匐枝　creeper　02.082
蹼化　webbing　02.065
*普雷里群落　prairie　11.321
普纳群落　puna　11.332

Q

歧顶极　disclimax, plagioclimax　11.155
脐　umbo　02.549
旗瓣　standard, vexil　02.394
起源中心　origin center　01.090
器孢子　pycnidiospore　06.368
器官　organ　01.163
器官发生　organogenesis, organogeny　01.169
气候顶极　climatic climax　11.152
气候演替系列　clisere　11.161
气孔　stoma　03.087
气孔导度　stomatal conductance　09.162
气孔计　porometer　09.159
气孔器　stomatal apparatus　03.088
气孔室　stomatic chamber　03.091
气孔蒸腾　stomatal transpiration　09.163
气孔阻力　stomatal resistance　09.161
气囊　saccus, air sac, bladder　14.086
气生根　aerial root　02.022
气生藻类　aerial algae　05.002
气生植物　aerophyte, aerial plant　01.101
气室　air chamber　03.092
千里光属生物碱　senecio alkaloid　10.050
迁移　migration, movement　12.066
迁移圈　migratory circle　12.070
迁移植物　migrant plant, migratory plant
　12.011
前被子植物　proangiosperm　13.050
前鞭毛　front flagellum　05.039
前果壳　preparathecium　07.047
前花粉　prepollen　14.006
前裸子植物　progymnosperm　13.049
前蒴齿　properistome　08.030
前托品类生物碱　protopine alkaloid　10.027
前心形胚　preheart-shape embryo　04.234
前皂苷配基　prosapogenin　10.155

潜伏芽　latent bud　02.105
潜在自然植被　potential natural vegetation
　11.269
羟吲哚类生物碱　oxindole alkaloid　10.032
蔷薇果　hip, cynarrhodion　02.536
*强心甙　cardenolide, cardiac glycoside　10.137
*强心甙元　cardiac aglycone　10.138
强心苷　cardenolide, cardiac glycoside　10.137
强心苷配基　cardiac aglycone　10.138
乔木　tree, arbor　01.143
壳　theca　05.048
壳孢子　conchospore　05.114
壳斗　cupule　02.529
壳口组织　placodium　06.157
壳套　mantle　05.049
壳细胞　hülle cell　06.395
壳状地衣　crustose lichen　07.011
壳状地衣体　crustaceous thallus　07.028
壳状区　shell zone　03.054
切落　abjunction　06.380
*切向壁　tangential wall　03.436
*切向切面　tangential section　01.209
侵入生长　intrusive growth　03.040
侵入种　invading species　12.023
侵填体　tylosis　03.250
球果　cone　02.553
球茎　corm　02.051
球形胚　globular embryo　04.233
趋性　taxis　09.350
区　region　01.076
区别种　differential species　11.067
曲生胚珠　amphitropous ovule　02.494
曲折菌丝　flexuous hypha　06.276
*去分化　dedifferentiation　01.186
全孢型　eu-form　06.265

全面胎座式 superficial placentation 02.485

全能性 totipotency 01.194

全型 holomorph 06.027

全着药 adnate anther 02.429

拳卷胚珠 circinotropous ovule 02.495

缺绿症 chlorosis 09.190

缺素病 nutritional deficiency disease 09.191

缺素区 nutritional deficiency zone 09.193

缺素症[状] nutritional deficiency symptom 09.192

缺夏孢型 opsis-form 06.267

缺性孢种 cata-species 06.274

缺锈孢型 brachy-form 06.266

缺氧 anoxia 09.105

确限种 exclusive species 11.065

群丛 association 11.279

群丛变型 variant 11.282

群集度 sociability 11.087

群聚 aggregation 11.109

群落地段 stand 11.036

群落地段结构 stand structure 11.142

群落地理学 syngeography 11.008

群落动态 community dynamics 11.038

群落动态学 syndynamics 11.007

群落发生演替 syngenetic succession, succession of syngenesis 11.177

＊群落分类 community classification 11.278

群落分类单位 syntaxon 11.287

群落复合体 community complex 11.034

＊群落交错区 [o]ecotone 11.275

群落生境 biotope 11.186

群落镶嵌 community mosaic 11.037

群属 alliance 11.289

群体 colony 05.021

群体效应 population effect 04.131

群系 formation 11.283

群系纲 formation-class 11.285

群系型 formation-type 11.286

群系组 formation-group 11.284

群相 faciation 11.288

R

[热带]高山矮曲林 elfin forest 11.309

热致死点 thermal death point, TDP 09.013

人布植物 androchore 12.015

人参二醇 panoxadiol 10.159

人参三醇 panoxatriol 10.160

＊人参皂甙 ginsenoside 10.158

＊人参皂甙元 ginsengenin 10.156

人参皂苷 ginsenoside 10.158

人参皂苷配基 ginsengenin 10.156

人工催熟 artificial ripening 09.268

人工气候室 phytotron 09.009

人文植物学 humanistic botany 01.045

韧皮薄壁组织 phloem parenchyma 03.300

韧皮部 phloem 03.276

韧皮部岛 phloem island 03.284

韧皮部母细胞 phloem mother cell 03.278

韧皮部原始细胞 phloem initial 03.277

韧皮射线 phloem ray 03.265

韧皮纤维 phloem fiber, bast fiber 03.073

韧型纤维 libriform fiber 03.075

日[照]中性植物 day-neutral plant 09.334

茸鞭型 tinsel type, pleuronematic type 05.036

溶生间隙 lysigenous space 03.312

绒毛 floss 02.241

绒毡层 tapetum 04.101

绒毡层膜 tapetal membrane 04.105

柔荑花序 ament, catkin 02.261

鞣红 tannin red, phlobaphene 10.108

鞣酶 tannase 10.107

鞣酸 tannic acid 10.106

鞣质 tannin 10.105

鞣质细胞 tannin cell 03.414

肉果 fleshy fruit, sarcocarp 02.530

肉茎植物 chylocaula 11.207

肉穗花序 spadix 02.262

肉叶植物 chylophylla 11.208

肉质根 fleshy root 02.032

肉质植物 succulent 01.128

乳突[毛] papilla 03.112

乳汁管 laticiferous tube, latex duct 03.328

乳汁器 laticifer 03.329

乳汁细胞 laticiferous cell, latex cell 03.327

* 软材 softwood, coniferous wood, needle

wood 03.186

S

* 萨瓦纳群落 savanna 11.326

塞缘 margo 03.209

三出复叶 ternately compound leaf 02.149

三出脉 ternate vein 02.235

三分体 triad 04.118

三沟的 tricolpate 14.035

三核并合 triple fusion 04.198

三孔的 triporate 14.047

三孔沟的 tricolporate 14.051

三歧槽的 trichotomosulcate 14.054

三歧聚伞花序 trichasium 02.272

三生菌丝体 tertiary mycelium 06.256

三式花柱式 heterotristyly 02.466

三体雄蕊 triadelphous stamen 02.411

三萜 triterpene 10.070

* 三萜皂甙元 triterpene sapogenin 10.145

三萜皂苷配基 triterpene sapogenin 10.145

三系菌丝的 trimitic 06.296

三原型 triarch 03.361

伞房花序 corymb 02.265

伞幅 ray 02.291

[伞菌]菌褶原 trabecula 06.301

伞形花序 umbel 02.264

* 伞形花序枝 ray 02.291

散布中心 dispersal center 01.092

散沟的 pantocolpate 14.039

散孔材 diffuse−porous wood 03.179

散孔的 pantoporate 14.049

散生中柱 atactostele 03.376

散穗花序 panicled spike 02.285

色[原]酮 chromone 10.128

森林 forest, sylva 11.290

沙晶 sand crystal 03.428

沙培 sand culture 09.236

沙丘演替 dune succession 11.179

沙生植物 psammophyte 01.132

筛板 sieve plate 03.290

筛胞 sieve cell 03.287

筛分子 sieve element 03.286

筛管 sieve tube 03.288

筛孔 sieve pore 03.292

筛丝 coscinoid 06.252

筛域 sieve area 03.291

山地生物群系 orobiome 11.032

山地苔藓林 montane mossy forest 11.312

山旺中新世植物区系 Shanwang Miocene flora 13.010

* 山旺中新世植物群 Shanwang Miocene flora 13.010•

扇状聚伞花序 fan, rhipidium 02.282

伤流 bleeding 09.136

上担子 epibasidium 06.237

上胚轴 epicotyl 02.579

上皮 epithelium 03.326

上壳面 epivalve 05.050

上位花 epigynous flower 02.327

上位着生雄蕊 epigynous stamen 02.423

上位子房 superior ovary 02.469

上下[两侧]对称 transverse zygomorphy 02.349

* 蛇菊甙 stevioside 10.147

蛇菊苷 stevioside 10.147

舌羊齿型 glossopterid 13.046

舌羊齿植物区系 Glossopteris flora 13.015

* 舌羊齿植物群 Glossopteris flora 13.015

舌状花冠 ligulate corolla 02.383

射线 ray 03.262

射线薄壁组织 ray parenchyma 03.275

射线管胞 ray tracheid 03.201

射线系统 ray system 03.196

射线原始细胞 ray initial 03.152

麝子油醇 farnesol 10.078

伸长区 elongation zone, elongation region 03.338

* 伸张木 tension wood 03.193

椹果 sorosis 02.501

渗漏 leakage 09.205

渗入容量 infiltration capacity 09.026

生殖苞 inflorescence 08.018

生殖核 generative nucleus 04.081

生殖菌丝 generative hyphae 06.292

生殖窠 conceptacle 05.133

生殖器官 reproductive organ 01.167

生殖托 receptacle 05.134

生殖细胞 generative cell 04.080

生殖叶 gonophyll 02.118

*生殖周期 sexual cycle 04.024

剩余分生组织 residual meristem 03.030

湿地 wet land 11.300

湿生植物 hygrophyte 01.105

湿柱头 wet stigma 04.127

十字纹孔 crossed pit 03.219

十字形花冠 cruciferous corolla 02.380

石耳素 pustulan 07.065

石化木 petrified wood 13.024

石内地衣 endolithic lichen 07.014

石蕊冻原 cladonia tundra 07.021

石生植物 lithophyte 01.131

石蒜科生物碱 amaryllidaceae alkaloid
　　10.048

石隙植物 crevice plant, chasmo[chomo]-
　　phyte 11.217

石细胞 sclereid, stone cell 03.083

食虫植物 insectivorous plant 01.136

食物链 food chain 11.248

食物网 food web 11.249

实心花柱 solid style 04.137

*实验地植物学 experimental plant ecology,
　　experimental geobotany 11.020

实验植物群落学 experimental plant ecology,
　　experimental geobotany 11.020

识别蛋白 recognition protein 04.134

识别反应 recognition reaction 04.133

世代交替 alternation of generations 05.099

世界分布 cosmopolitan distribution 12.044

世界属 cosmopolitan genus 12.033

世界种 cosmopolitan [species], cosmopolite
　　species 12.027

噬蓝藻体 cyanophage 05.057

适宜种 preferential species 11.063

适蚁植物 myrmecophyte 01.135

试管苗 test-tube plantlet 09.339

试管培养 test-tube culture 09.338

试管授粉 test tube pollination 04.011

收缩根 contractile root 02.030

收缩泡 contractile vacuole 05.030

寿命表 life table 11.133

*授粉者 pollinator 04.006

受精管 fertilization tube 06.099

受精卵 fertilized egg, oosperm 04.207

受精丝 trichogyne, receptive hypha 06.204

受精体 receptive body 06.210

受精突 receptive papilla, manocyst 06.097

受精作用 fertilization 04.189

瘦果 achene 02.516

梳状孢梗 sporocladium 06.114

输导组织 conducting tissue 03.065

疏灌丛 shrubland 11.317

疏林 woodland 11.313

疏密度 degree of closing 11.084

疏丝组织 pros[oplect]enchyma 06.045

疏隙管状中柱 solenostele 03.371

*薯蓣皂甙元 diosgenin 10.146

薯蓣皂苷配基 diosgenin 10.146

属 genus 01.063

[树]干 trunk 02.053

树冠投影图 crown projection diagram 11.118

树胶道 gum canal 03.324

树皮 bark 03.126

树皮内生地衣 endophloeodal lichen 07.015

树脂 resin 10.086

树脂道 resin canal, resin duct 03.322

树脂腔 resin cavity 03.323

树脂细胞 resin cell 03.320

树状毛 dendroid hair 03.119

束缚生长素 bound auxin 09.275

束缚水 bound water 09.165

束间形成层 interfascicular cambium 03.154

束丝 synnema 06.332

束中形成层 fascicular cambium 03.153

衰老 senescence 01.191

*栓化细胞 cork cell 03.135

栓化[作用] suberization, suberification
　　03.134

栓内层 phelloderm 03.133

霜冻 frost 09.367

* 双胞孢子　didymospore　06.352

双孢子囊　bisporangium　05.123

双孢子胚囊　bisporic embryo sac　04.163

双吡咯烷类生物碱　pyrrolizidine alkaloid
10.017

双苄基异喹啉类生物碱　bisbenzylisoquinoline
alkaloid　10.023

双盖覆瓦状　quincuncial　02.364

双环氧型木脂体　bisepoxy lignan　10.164

双精入卵　dispermy　04.202

双名法　binomial nomenclature　01.214

双氢查耳酮　dihydrochalcone　10.125

双韧管状中柱　amphiphloic siphonostele
03.370

双韧维管束　bicollateral vascular bundle
03.381

双受精　double fertilization　04.199

双萜　diterpene　10.069

双细胞毛　bicellular hair　03.104

双向运输　bidirectional translocation　09.245

双悬果　cremocarp　02.526

双吲哚类生物碱　bisindole alkaloid　10.061

双缘型　zeorine type　07.057

水布植物　hydrochore, hydrosporae　12.013

水底植物　benthophyte, submerged plant
11.213

水分亏缺　water deficit　09.172

水华　blooms, water bloom　05.008

水解鞣质　hydrolyzable tannin　10.109

水孔　water pore　03.310

水媒　hydrophily　04.017

水媒传粉　hydrophilous pollination　04.018

水媒植物　hydrophilous plant　01.126

水囊　water sac　02.189

水培　hydroponics, water culture, solution
culture　09.237

[水平]回转器　clinostat　09.348

水生根　water root, aquatic root　02.023

水生演替系列　hydrosere, hydroarch sere
11.164

水生藻类　hydrobiontic algae　05.003

水生植物　hydrophyte, aquatic plant　01.102

水势　water potential　09.158

水下芽植物　hydrocryptophyte　11.237

* 水扬甙　salicin　10.148

水扬苷　salicin　10.148

蒴苞　involucre　08.039

* 蒴部　urn　08.027

蒴齿　peristome, peristomal teeth　08.029

蒴萼　perianth　08.037

蒴盖　lid, operculum　08.025

蒴果　capsule　02.512

蒴壶　urn　08.027

蒴帽　calyptra　08.024

蒴台　apophysis, hypophysis　08.028

* 蒴托　apophysis, hypophysis　08.028

蒴轴　columella　08.034

[蒴]内层　endothecium　08.023

[蒴]外层　exothecium　08.022

[蒴]周层　amphithecium　08.021

* 撕片法　peel method　13.072

丝膜　cortina　06.305

丝膜状菌幕　pellicular veil　06.308

丝炭化[作用]　fusainization　13.027

丝体　filament　05.010

丝状孢梗　anaphysis　06.338

丝状器　filiform apparatus　04.173

死点　death point　09.008

四孢子胚囊　tetrasporic embryo sac　04.164

四分孢子　tetraspore　04.114

四分孢子囊　tetrasporangium　05.124

四分体　tetrad　04.115

四分体痕　tetrad mark, tetrad scar, laesura
14.090

四合花粉　tetrad　14.009

四强雄蕊　tetradynamous stamen　02.419

四氢异喹啉类生物碱　tetrahydroisoquinoline
alkaloid　10.021

似亲孢子　autospore　05.111

似亲群体　autocolony　05.023

饲蚁丝　bromatium　06.073

松萝酸　usnic acid　07.070

* 耸出　overtopping　02.063

宿存助细胞　persistent synergid　04.171

酸土植物　oxylophyte, oxyphile　11.200

酸沼　bog　11.298

随机对法　random pairs method　11.053

随遇种　indifferent species　11.062

髓 pith, medulla 03.392

髓斑 pith fleck 03.393

髓板 tramal plate 06.316

髓模 pith cast 13.036

髓囊盘被 medullary excipulum 06.169

* 髓鞘 medullary sheath 03.395

髓射线 medullary ray, pith ray 03.263

* 碎片 segment 02.211

穗状花序 spike 02.259

缩合鞣质 condensed tannin 10.110

锁状联合 clamp connexion, clamp connection 06.257

T

胎萌 vivipary 04.224

胎座 placenta 02.477

胎座框 replum 02.488

胎座式 placentation 02.478

苔类[植物] liverwort 08.003

苔藓植物 bryophyta 08.001

苔藓植物学 bryology 01.031

泰加林 taiga, boreal coniferous forest 11.311

弹丝 elater 06.007

坛状花冠 urceolate corolla 02.378

碳氮比 C / N ratio 09.276

碳-3 光合作用 C_3 photosynthesis 09.035

碳-4 光合作用 C_4 photosynthesis 09.036

碳化植物 carbonated plant 13.021

碳同化 carbon assimilation 09.060

* [糖]甙 glycoside 10.131

[糖]苷 glycoside 10.131

糖苷配基 aglycon[e] 10.132

特创论 creationism, theory of special creation 01.085

特立中央胎座式 free—central placentation 02.482

特有种 endemic species 12.018

特征种 character[istic] species 11.060

特征种组合 characteristic species combination 11.120

藤本植物 vine, liana 01.114

梯纹导管 scalariform vessel 03.233

梯纹加厚 scalariform thickening 03.173

梯形接合 scalariform conjugation 05.090

梯状穿孔 scalariform perforation 03.242

梯状-对列纹孔式 scalariform-opposite pitting 03.247

梯状纹孔式 scalariform pitting 03.246

体裂孢子 thallospore 06.369

体裂分生孢子 thalloconidium 07.072

体细胞 body cell 04.079

体细胞胚 somatic embryo 04.259

体殖[产孢]的 thallic 06.387

体质盘壁 thalline exciple 07.048

体轴 axis 01.150

替代种 vicarious species, substitute species 12.022

天然产物 natural product 10.005

天线色素 antenna pigment 09.067

* 贴着药 adnate anther 02.429

萜 terpene 10.064

萜类化合物 terpenoid 10.063

萜类生物碱 terpenoid alkaloid 10.041

通道细胞 passage cell 03.354

通气道 parichnos 13.064

通气根 aerating root 02.029

* 通气痕 parichnos 13.064

通气孔 ventilating pit 03.449

通气组织 ventilating tissue 03.063

同层地衣 homoeomerous lichen 07.033

同担子 homobasidium 06.243

同功器官 analogous organ 01.165

同化[产]物 assimilate 09.055

同化力 assimilatory power 09.057

同化商 assimilatory quotient , assimilatory coefficient 09.056

同化组织 assimilating tissue 03.058

同化[作用] assimilation 09.053

同配生殖 isogamy, homogamy 05.095

同时型 simultaneous type 04.120

同心维管束 concentric vascular bundle 03.382

同型[细胞]射线 homocellular ray 03.271

同形配子　isogamete, homogamete　05.126
同形世代交替　isomorphic alternation of gene-
　　rations　05.100
同源器官　homologous organ　01.164
同宗配合　homothallism　05.093
桶孔覆垫　parenthesome, septal pore cap
　　06.260
桶孔隔膜　dolipore septum, septal pore
　　swelling　06.259
筒状花冠　tubular corolla　02.374
头状花序　capitulum, head　02.263
透性　permeability　09.229
透性膜　permeable membrane　09.231
透性系数　permeability coefficient　09.230
突出雄蕊　exserted stamen　02.420
突起　enation　02.068
图尔盖植物区系　Turgayan flora　12.073
图解样方　chart quadrat　11.042
Z 图式　Z-scheme　09.082
土壤发生演替　edaphogenic succession
　　11.178
土壤生物群系　pedobiome　11.033
土著种　indigenous species, native species
　　11.078

吐根属生物碱　ipecacuanha alkaloid　10.045
吐水　guttation　09.135
团伞花序　glomerule　02.284
退化雌蕊　pistillode　02.454
退化雄蕊　staminode　02.425
退化演替　re[tro]gressive succession　11.176
退化助细胞　degenerated synergid　04.170
托杯　hypanthium　02.354
托盘状花冠　hypocrateriform corolla　02.377
托烷类生物碱　tropane alkaloid　10.016
托叶　stipule, peraphyllum　02.199
托叶鞘　stipular sheath, oc[h]rea　02.201
脱春化　devernalization　09.292
脱分化　dedifferentiation　01.186
脱黄化　de-etiolation　09.284
脱极化　depolarization　09.287
脱落　abscission　06.381
脱落酸　abscisic acid　09.263
脱木质化[作用]　delignification　09.028
脱叶　defoliation　09.286
脱叶剂　defoliating agent　09.285
陀螺状胞　turbinate cell, turbinate organ
　　06.101

W

娃儿藤类生物碱　tylophorine alkaloid　10.044
娃儿藤属生物碱　tylophora alkaloid　10.051
*瓦布尔格呼吸计　Warburg respirometer
　　09.093
瓦尔堡呼吸计　Warburg respirometer　09.093
外壁蛋白　exine-held protein　04.123
外壁内表层　ektonexine, ectonexine　14.018
外壁内层　nexine　14.015
外壁内底层　endonexine　14.020
外壁内中层　mesonexine　14.019
外壁外表层　ektosexine, ectosexine　14.016
外壁外层　sexine　14.014
外壁外内层　endosexine　14.017
*外齿层　exo[peri]stome, exostomium　08.031
外稃　lemma　02.301
外果皮　exocarp　02.544
外菌幕　universal veil, general veil, tele[o]blem

　　06.310
外来种　exotic species　12.021
外连丝　ectodesma　03.445
外轮对瓣雄蕊　obdiplostemonous stamen
　　02.417
外轮对萼雄蕊　diplostemonous stamen
　　02.416
外貌　physiognomy　11.111
外囊盘被　ectal excipulum, parathecium
　　06.168
外胚乳　perisperm　02.567
外皮层　exodermis　03.348
外韧维管束　collateral vascular bundle　03.380
外绒毡层膜　extra-tapetal membrane　04.106
外生孢子　ectospore　06.049
外生菌根　ectomycorrhiza　02.595
外生源　exogenous origin　01.176

外始式　exarch　03.356

外蒴齿　exo[peri]stome, exostomium　08.031

外向药　extrorse anther　02.437

外因演替　exogenetic succession　11.172

外颖　outer glume　02.299

外源节律　exogenous rhythm, exogenous tim—
　ing　09.301

外植体　explant　01.162

外珠被　outer integument　04.146

弯生胚珠　campylotropous ovule　02.492

完全花　complete flower　02.311

完全阶段　perfect state　06.025

完全叶　complete leaf　02.160

晚材　late wood, summer wood　03.185

网胞　brochus　14.060

网脊　murus　14.059

网结[现象]　anastomosis　02.224

网纹导管　reticulate vessel　03.234

网纹加厚　reticulate thickening, net—like
　thickening　03.174

＊网隙　insula, areole　02.223

网眼　insula, areole　02.223

网羊齿型　linopterid　13.045

网衣型　lecideine type　07.058

网状穿孔　reticulate perforation　03.243

网状管胞　reticulated tracheid　03.203

网状脉　net vein, reticular vein　02.231

网状脉序　netted venation　02.228

网状中柱　dictyostele　03.372

＊微包囊　microcyst　06.019

微量元素　microelement, minor element
　09.207

微丝　microfibril　05.044

微型地衣　microlichen　07.003

维管解剖学　vascular anatomy　03.007

维管射线　vascular ray　03.264

维管束　vascular bundle　03.379

维管束鞘　vascular bundle sheath　03.385

维管系统　vascular system　03.144

维管形成层　vascular cambium　03.150

维管植物　vascular plant, tracheophyte
　01.120

维管植物形态学　morphology of vascular
　plant　02.004

维管柱　vascular cylinder　03.364

维管组织　vascular tissue　03.145

萎蔫　wilting　09.143

萎蔫点　wilting point　09.178

萎蔫剂　wilting agent　09.176

萎蔫系数　wilting coefficient　09.177

委内瑞拉草原　llano　11.324

伪足　pseudopod[ium]　06.021

尾鞭型　whiplash type, acronematic type
　05.035

卫矛科生物碱　celastraceae alkaloid　10.047

[温带]高山矮曲林　krummholz　11.308

＊温带植物区系　Turgayan flora　12.073

温周期现象　thermoperiodism　09.336

纹孔　pit　03.204

纹孔道　pit canal　03.210

纹孔对　pit—pair　03.205

纹孔口　pit aperture　03.213

纹孔膜　pit membrane　03.208

纹孔内口　inner aperture　03.215

纹孔腔　pit cavity　03.211

纹孔塞　torus　03.207

纹孔式　pitting　03.244

纹孔室　pit chamber　03.212

纹孔外口　outer aperture　03.214

纹孔缘　pit border　03.206

纹饰　ornamentation　14.056

蜗媒　malacophily　04.022

沃鲁宁菌丝　Woronin hypha　06.209

沃鲁宁体　Woronin body　06.220

乌氏体　Ubisch body　04.108

乌头属生物碱　aconitum alkaloid　10.058

无孢子生殖　apospory　04.035

无被花　naked flower　02.318

无柄孢团果　sorocyst　06.012

无柄叶　sessile leaf　02.174

无定形皮层　amorphous cortex　07.031

无覆盖层的　intectate　14.022

无隔孢子　amerospore　06.351

无隔担子　holobasidium　06.238

无节乳汁器　non—articulate laticifer　03.331

无茎植物　stemless plant　01.115

无孔材　non—porous wood　03.177

无眠冬孢型　lepto—form　06.271

无配子生殖　apogam[et]y　04.034
无融合生殖　apomixis　04.033
无色孢子　hyalospore　06.358
无色花色苷　leucoanthocyanin　10.115
无色花色素　leucoanthocyanidin　10.116
＊无生源说　abiogenesis　01.082
无限花序　indefinite inflorescence　02.257
无向重力性　agravitropism　09.356
无效雄器　trophogone, trophogonium　06.217
＊无性繁殖系　clone　01.075
无性花　asexual flower, neutral flower　02.310
无性接合孢子　azygospore　06.125
无性全型　ana-holomorph　06.031
无性生殖　asexual reproduction　04.026
无性世代　asexual generation　05.103

无性型　anamorph　06.029
无氧呼吸　anaerobic respiration　09.096
无氧生活　anaerobiosis　09.104
＊五碳糖磷酸途径　pentose phosphate
　pathway　09.121
五体雄蕊　pentadelphous stamen　02.412
戊糖磷酸途径　pentose phosphate pathway
　09.121
物候[生态]谱　phenoecological spectrum
　11.138
物候现象　phenological phenomenon　11.139
物理障碍　physical barrier　12.093
物种起源　origin of species　01.087
物种起源说　theory of origin species　01.088
物种形成　speciation　01.089

X

吸根　sucker　02.038
吸器　haustorium　02.039
吸收　absorption　09.005
吸收毛　absorbing hair　03.116
吸收组织　absorptive tissue　03.064
吸水力　suction force, suction tension　09.157
吸涨水　imbibition water　09.142
吸涨体　imbibant　09.141
吸涨[作用]　imbibition　09.140
稀疏薄壁组织　scanty parenchyma　03.261
稀树草原　savanna　11.326
稀有植物　rare plant, unusual plant　12.008
希尔反应　Hill reaction　09.059
＊喜水植物　hydrophilous plant　01.126
喜硝植物　nitrate plant　09.212
＊喜蚁植物　myrmecophyte　01.135
系　series　01.067
系统发育　phylogenesis, phylogeny　01.079
系统植物学　systematic botany, plant systema-
　tics　01.016
细胞　cell　01.171
细胞分裂素　cytokinin, kin[et]in　09.283
细胞型胚乳　cellular [type] endosperm　04.216
[细]胞咽　cytopharynx　05.029
细菌叶绿素　bacteriochlorophyll　09.068
细裂片　segment　02.211

＊细脉　veinlet　02.216
细轴型　leptinae　07.026
下担子　hypobasidium　06.236
下木　understory　11.115
下胚轴　hypocotyl　02.578
下壳面　hypovalve　05.051
下位花　hypogynous flower　02.325
下位着生雄蕊　hypogynous stamen　02.421
下位子房　inferior ovary　02.471
夏孢子　urediniospore, urediospore,
　uredospore　06.283
夏孢子堆　uredi[ni]um, uredosorus　06.278
＊夏材　late wood, summer wood　03.185
＊夏绿林　deciduous broad-leaved forest, sum-
　mer green forest　11.303
先出叶　prophyll　02.150
先担子　probasidium　06.234
先锋群落　initial community, prodophytium,
　pioneer community　11.028
先锋种　pioneer species, exploiting species
　11.073
先菌丝　promycelium　06.245
呫酮　xanthone　10.123
藓类[植物]　moss　08.002
纤毛　cilium　02.240
纤维　fiber　03.072

* 纤维根　fibrous root　02.012

纤维管胞　fiber tracheid　03.198

纤匐枝　runner　02.084

弦切面　tangential section　01.209

弦向壁　tangential wall　03.436

嫌钙植物　calciphobe　11.198

嫌酸植物　oxyphobe　11.201

嫌盐植物　halophobe, glycophyte　11.199

嫌雨植物　ombrophobe　11.203

显花植物　phanerogams　01.117

现存量　standing crop　11.255

腺鳞　glandular scale　02.187

腺毛　glandular hair　03.109

腺[体]　gland　03.303

* 腺质绒毡层　glandular tapetum　04.104

限制因子　limiting factor　01.198

限制因子律　law of limiting factor　09.044

线虫瘤　nematode tumor　02.591

线盘型　lirellar type　07.053

线形孢子　scolecospore　06.355

线状子囊盘　lirella　06.141

相关[性]　correlation　01.196

相似系数　coefficient of similarity　11.059

镶边粉芽堆　marginal soralia　07.037

* 镶嵌植被　mosaic vegetation　11.037

香豆素　coumarin　10.169

* 乡土种　indigenous species, native species　11.078

响应　response　09.361

向地性　geotropism　09.354

向顶运输　acropetal translocation　09.243

向光性　phototropism　09.360

向基运输　basipetal translocation　09.244

向性　tropism　09.349

向重力性　gravitropism　09.355

小苞片　bractlet, bracteole　02.295

小包　peridiole, peridiolum　06.320

小包薄膜　tunica　06.321

小包袋　purse　06.322

小孢子　microspore, androspore　04.049

小孢子发生　microsporogenesis　04.050

小孢子母细胞　microspore mother cell　04.051

小孢子叶　microsporophyll　02.117

小孢子叶球　staminate strobilus, male cone　02.305

小柄　pedicel　06.342

小分生孢子　conidiole　06.360

小梗　sterigma, trichidium　06.246

小核果　drupelet　02.535

小花　floret　02.335

* 小环境　microhabitat, microenvironment　11.183

小坚果　nutlet　02.523

小聚伞花序　cymule, cymelet　02.274

小块茎　tubercle　02.047

小鳞茎　bulblet　02.050

小鳞片　ramentum, squamule　02.186

小脉　veinlet　02.216

小脉眼　vein eyelet　02.222

小囊突　diverticule, diverticulum　06.103

小囊状体　cystidiole　06.227

小球茎　cormlet　02.052

小群落　microcoenosis, microcommunity　11.024

小伞形花序　umbellule　02.283

小生境　microhabitat, microenvironment　11.183

小穗　spikelet　02.288

小穗轴　rachilla　02.289

小托叶　stipel　02.200

小细长裂片　lacinule　02.130

小型孢子囊　sporangiole, sporangiolum　06.105

小[型]分生孢子　microconidium　06.363

小型叶　microphyll　02.115

小叶　leaflet　02.175

小叶柄　petiolule　02.203

小羽片　pinnule　02.123

小枝　branchlet, ramellus　02.079

小植物　plantlet　01.142

* 小植株　plantlet　01.142

小柱　columella　14.025

小总苞　involucel, involucret　02.293

楔羊齿型　sphenopterid　13.042

蝎尾状聚伞花序　cincinnus, scorpioid cyme　02.281

协同作用　synergism　09.187

斜列线　parastichy　02.141

斜向[两侧]对称　oblique zygomorphy　02.350

胁迫　stress　09.364

胁迫生理　stress physiology　09.365

卸出[筛管]　unloading　09.250

辛可胺类生物碱　cinchonamine alkaloid　10.031

新黄素　neoxanthin　05.077

新黄酮类化合物　neoflavonoid　10.119

＊新黄质　neoxanthin　05.077

新甲藻黄素　neodinoxanthin　05.076

新苦木素　neoquassin　10.011

新墨角藻黄素　neofucoxanthin　05.075

新木脂体　neolignan　10.168

新细胞质　neocytoplasm　04.212

新性生殖　neosexuality　06.024

新植代　cenophyte　13.057

心材　heartwood　03.183

心花　disc flower　02.336

心皮　carpel　02.455

心皮柄　carpophore　02.459

心皮鳞片　carpellary scale　02.456

心形胚　heart-shape embryo　04.235

星斑盘　ardella　07.052

星散薄壁组织　diffuse parenchyma　03.254

星状孢子　staurospore　06.357

星状毛　stellate hair　02.244

·星状细胞　stellate cell　03.097

星状中柱　actinostele　03.374

形成层　cambium　03.148

T-形四分体　T-shaped tetrad　04.117

形态发生　morphogenesis　01.174

性孢子　spermatium, pycniospore　06.281

性孢子器　spermagonium, spermagone, pycnium　06.275

＊性孢子受精丝　flexuous hypha　06.276

性反转　sex-reversal　04.038

性激素　sex hormone　09.329

性母细胞　meiocyte　04.053

性细胞　sexual cell　04.055

性原细胞　gonocyte, gonium　04.054

性周期　sexual cycle　04.024

雄苞叶　perigonial bract　08.017

雄分生孢子　androconidium　06.195

＊雄核　spermo-nucleus, male nucleus, arrhenokaryon　04.091

＊雄核发育　androgenesis　04.032

雄花　staminate flower　02.332

雄配子　microgamete　04.085

雄配子体　microgametophyte, male gametophyte　04.072

＊雄球花　staminate strobilus, male cone　02.305

雄蕊　stamen　02.405

雄蕊柄　androphore　02.407

雄蕊群　androecium　02.406

雄蕊束　phalanx　02.426

雄细胞　male cell, androcyte　04.086

雄性不育　male sterile　04.036

雄性生殖单位　male germ unit, MGU　04.093

雄枝　androphore　06.194

雄质　arrhenoplasm　04.092

休眠　dormancy　01.180

休眠孢囊梗　cystophore　06.089

休眠孢子　resting spore, hypnospore　06.052

休眠孢子堆　cystosorus　06.085

休眠孢子囊　sporangiocyst, resting sporangium　06.088

休眠期　dormancy stage　09.295

休眠芽　dormant bud　02.104

锈孢型　endo-form　06.269

锈孢子　aeci[di]ospore, plasmogamospore　06.282

锈孢子器　aecium, aecidiosorus　06.277

需暗种子　dark seed　09.341

需光量　light requirement　09.085

需光种子　light seed　09.316

需水量　water requirement　09.173

需氧呼吸　aerobic respiration　09.095

须根　fibrous root　02.012

须根系　fibrous root system　02.013

须羊齿型　rhodea type　13.047

悬垂胎座式　suspended placentation　02.487

旋转状　contorted　02.362

选择透性　selective permeability, differential permeability　09.238

选择吸收　selective absorption　09.182

循环电子传递　cyclic electron flow, cyclic electron transport　09.080

循环光合磷酸化　cyclic photophosphorylation ｜ 09.077

Y

压力势　pressure potential　09.155
压流　pressure flow　09.252
*压缩木　compression wood　03.192
吖啶类生物碱　acridine alkaloid　10.035
芽　bud　01.155
*芽苞叶　cataphyll　02.152
芽孢　gemma, spore　06.050
芽孢子囊　germ sporangium　06.107
芽鳞　bud scale　02.111
芽生孢子　blastospore　06.370
芽眼　bud eye　02.112
芽殖[产孢]的　blastic　06.386
亚茶渍型　sublecanorine type　07.056
亚顶极　subclimax　11.157
亚纲　subclass　01.056
*亚灌木　subshrub, suffrutex(拉)　01.145
亚界　subkingdom　01.052
亚科　subfamily　01.060
亚门　subdivision, subphylum　01.054
亚目　suborder　01.058
*亚诺群落　llano　11.324
亚区　subregion　01.077
亚属　subgenus　01.064
亚系　subseries　01.068
亚种　subspecies　01.070
亚族　subtribe　01.062
亚组　subsection　01.066
烟草属生物碱　nicotiana alkaloid　10.052
盐呼吸　salt respiration　09.099
盐生植物　halophyte　01.134
盐腺　salt gland　03.407
岩屑堆演替　talus succession　11.180
*岩藻黄质　fucoxanthin　05.074
眼点　stigma, eye spot　05.033
*演化论　evolutionism, evolutionary theory　01.086
演化植物学　evolutionary botany　01.018
演化中心　evolution center　01.094
演替　succession　11.167
演替阶段　stage of succession　11.149

演替群丛　associes　11.281
演替图式　successional pattern　11.182
演替系列　sere, chronosequence　11.159
演替系列变型　sere variant　11.160
燕麦单位　Avena(拉)unit　09.272
燕麦试法　Avena(拉)test　09.271
羊齿烷型　fernane type　10.091
羊毛甾醇型　lanosterol type　10.087
阳生叶　sun leaf　02.165
阳生植物　sun plant　01.130
养分　nutrient　09.226
养分缺乏　nutrient deficiency　09.225
养分循环　nutrient cycle　09.227
*样带　belt transect　11.049
样地　[sample]plot　11.039
样地记录[表]　relevé　11.132
样点　sampling point　11.048
样点截取法　point-intercept method　11.051
样方　quadrat　11.040
样条　belt transect　11.049
样线[截取]法　line intercept method　11.058
样圆　circle sample　11.047
药隔　connective　02.440
药室　anther cell　02.439
药室内壁　endothecium　04.099
野生种　wild species　12.026
叶　leaf, frond　01.156
叶柄　petiole　02.202
叶柄下芽　infrapetiolar bud, subpetiolar bud　02.097
叶刺　leaf thorn　02.182
叶端　leaf apex　02.207
叶耳　auricle　02.196
叶附生植物　epiphyll[ae]　11.241
叶痕　leaf scar　02.191
叶化石　phyllite, lithophyll　13.032
叶基　leaf base　02.208
叶迹　folial trace　03.389
叶级　leaf-size class　11.230
*叶尖　leaf apex　02.207

翼瓣 wing 02.395

翼手媒 ch[e]iropterophily 04.023

翼状薄壁组织 aliform parenchyma 03.259

阴离子呼吸 anion respiration 09.184

阴离子交换 anion exchange 09.179

阴生叶 shade leaf 02.166

阴生植物 shade plant 01.129

引导组织 transmitting tissue 04.140

引种植物 introduced plant 12.010

吲哚基烷基胺类生物碱 indolylalkylamine
alkaloid 10.028

隐花植物 cryptogamia 01.116

隐头花序 hypanth[od]ium 02.266

隐芽植物 cryptophyte 11.235

印痕化石 impression fossil 13.028

应拉木 tension wood 03.193

应力木 reaction wood 03.191

应压木 compression wood 03.192

营养胞 nutriocyte 06.203

营养繁殖 vegetative reproduction 05.086

营养核 vegetative nucleus 04.083

营养囊 trophocyst 06.113

营养器官 vegetative organ 01.166

营养缺陷型 auxotroph 09.002

营养细胞 vegetative cell 04.082

营养叶 foliage leaf, tro[pho]phyll 02.119

营养液 nutrient solution 09.228

营养羽片 foliage pinna 02.126

颖果 caryopsis 02.518

颖片 glume 02.298

* 硬材 hardwood, dicotyledonous wood, broad
leaf wood 03.187

硬化纤维 sclerotic fiber 03.082

硬化组织 sclerotic tissue 03.070

硬叶林 sclerophyllous forest, durisilvae
11.306

永久萎蔫 permanent wilting 09.174

永久样方 permanent quadrat 11.046

优势度 dominance 11.089

优势度指数 dominance index 11.098

优势种 dominant species 11.070

疣 verruca 02.188

油道 vitta 03.321

游动孢子 zoospore 05.108

游动孢子囊 zoosporangium 06.086

游动精子 spermatozoid, zoosperm 04.089

游动细胞 swarm cell 06.016

游离核 free nuclei 04.056

游离核时期 free nuclear stage 04.057

游离细胞形成 free cell formation 06.216

有隔担子 phragmobasidium 06.241

有花植物 flowering plant 01.121

有节梗 athrosterigma 07.073

有节乳汁器 articulate laticifer 03.330

有孔材 porous wood 03.178

有胚植物 embryophyte 01.123

* 有丝分裂孢子囊 mitosporangium 06.086

有限花序 definite inflorescence 02.258

有效养分 available nutrient 09.189

有性生殖 sexual reproduction 04.025

有性世代 sexual generation 05.102

有性型 teleomorph 06.028

有益元素 beneficial element 09.223

诱导期 induction period, induction
phase 09.015

诱杀性植物 trap plant 11.219

幼担子 basidiole, basidiolum 06.233

幼苗 seedling 01.161

幼态成熟 neoteny 04.225

幼叶卷叠式 vernation, foliation 02.139

鱼雷形胚 torpedo-shape embryo 04.236

鱼藤酮 rotenone 10.127

鱼藤酮类化合物 rotenoid 10.009

雨林 rain forest, hygrodrymium 11.302

雨水植物 ombrophyte 11.202

羽片 pinna 02.122

羽扇豆醇型 lupeol type 10.090

羽状复叶 pinnately compound leaf 02.147

羽状脉 pinnate vein 02.233

阈值 threshold value 09.363

郁闭度 shade density, canopy density 11.088

愈伤激素 wound hormone, traumatin 09.337

育亨宾类生物碱 yohimbine alkaloid 10.030

倾孢子梗 protosporophore 06.335

原表皮层 protoderm 03.046

原担子 protobasidium 06.244

原岛衣酸 protocetraric acid 07.068

原分生组织 promeristem 03.018

原核 pronucleus 04.211

*原花色甙元 proanthocyanidin 10.113

原花色素 proanthocyanidin 10.113

原基 primordium 03.396

*原基体 protocorm 04.227

原菌幕 protoblem, primordial veil, primary universal veil 06.309

原囊壳 prothecium 06.136

原胚 proembryo 04.229

原胚柄 prosuspensor 04.237

原胚柄层 prosuspensor tier 04.241

原胚管 proembryonal tube 04.230

原胚乳细胞 proendospermous cell 04.218

原配子囊 progametangium 06.119

原球茎 protocorm 04.227

原人参二醇 protopanoxadiol 10.161

原生木质部 protoxylem 03.164

原生木质部极 protoxylem pole 03.165

原生木质部腔隙 protoxylem lacuna 03.167

原生韧皮部 protophloem 03.280

原生演替 primary succession 11.169

原生演替系列 prisere, primary sere 11.162

原生中柱 protostele 03.368

原生种 initial species 12.020

原始顶枝 archetelome 02.062

原始分布区 initial areal, initial region 12.060

原始种 original species 12.019

原丝体 protonema 08.040

原套 tunica 03.050

原体 corpus 03.051

原萜烷型 protostane type 10.089

原乌氏体 pro-Ubisch body 04.109

原小梗 protosterigma 06.247

原小檗碱类生物碱 protoberberine alkaloid 10.026

原形成层 procambium 03.149

原性生殖 protosexuality 06.023

原叶细胞 prothallial cell 04.077

原植体 thallus 01.152

原质团 plasmodium 06.001

[原质]肿胞 plasmatoogosis 06.102

原子囊果 procarp 06.132

圆顶细胞 dome cell, loop cell 06.207

圆锥花序 panicle 02.267

源 source 09.257

缘毛 tricholoma 02.239

缘毛环 tenacle 06.192

缘丝 periphysis 06.190

缘倚子叶 accumbent cotyledon 02.584

远极 distal pole 14.079

远极单孔 ulcus 14.046

远极沟的 anacolpate 14.041

远极面 distal face 14.081

越顶 overtopping 02.063

*芸香甙 rutin, rutoside 10.154

芸香苷 rutin, rutoside 10.154

运输 translocation, transport 09.240

Z

杂草植物 ruderal plant 11.225

杂交瘤 hybrid tumor 02.592

杂性 polygamy 02.343

栽培变种 cultivated variety 12.031

栽培类型 cultivated form 12.032

栽培植被 cultivated vegetation 11.271

栽培种 cultivar 01.073

甾醇类生物碱 sterol alkaloid 10.039

甾体类生物碱 steroid alkaloid 10.040

载粉器 translater 02.446

载色体 chromatophore 09.070

再分化 redifferentiation 01.187

再生 regeneration 01.188

再组核 restitution nucleus 04.181

暂时萎蔫 temporary wilting 09.175

*藻胞被 periblastesis 07.062

藻胞囊 periblastesis 07.062

藻胆[蛋白]体 phycobilisome 05.068

藻胆素 phycobilin 05.063

藻堆 algaglomerules 07.061

藻红蛋白 phycoerythrin 05.067

藻红素 phycoerythrobilin 05.065

藻胶 algin, phycocolloid 05.062

藻蓝蛋白 phycocyanin 05.066

藻蓝素 phycocyanobilin 05.064

藻类 algae 05.001

藻类学 phycology 01.028

藻膜体 phycoplast 05.019

藻丝 trichome 05.011

＊藻殖段 hormogon[ium] 05.018

早材 early wood, spring wood 03.184

＊早产动孢子 abortive zoospore 05.117

造孢剩质 epiplasm 06.215

造孢丝 sporogenous thread, sporogenous filament 05.131

造孢细胞 sporogenous cell 04.043

造孢组织 sporogenous tissue 04.042

造粉粒 amyloplastid 03.409

造粉体 amyloplast 03.410

＊皂甙 saponin 10.143

＊皂甙元 sapogenin 10.144

皂苷 saponin 10.143

皂苷配基 sapogenin 10.144

＊增效作用 synergism 09.187

栅栏组织 palisade tissue 03.400

窄幅种 stenotopic species 11.135

窄域种 stenochoric species 11.137

樟脑 camphor 10.084

张力 tension 09.164

掌状复叶 palmately compound leaf 02.148

掌状脉 palmate vein 02.234

沼生目型胚乳 helobial [type] endosperm 04.217

沼生植物 helophyte 01.106

沼泽 mire 11.295

沼泽生态型 swamp ecotype 11.126

＊照叶林 evergreen broad-leaved forest, laurel forest, laurisilvae 11.304

蜇毛 stinging hair 03.106

＊珍稀植物 rare plant, unusual plant 12.008

真果 true fruit 02.497

真菌学 mycology 01.029

真空渗入 vacuum infiltration 09.025

真中柱 eustele 03.378

真子囊果 euthecium 06.133

针晶囊 raphide sac 03.424

针晶体 raphide, acicular crystal 03.421

针晶细胞 raphidian cell 03.422

针晶异细胞 raphidian idioblast, raphide idioblast 03.423

针叶 needle 02.171

针叶材 softwood, coniferous wood, needle wood 03.186

针叶林 needle-leaved forest, coniferous forest 11.307

蒸发蒸腾[作用] evapotranspiration 09.134

蒸腾比 transpiration ratio 09.170

蒸腾计 po[te]tometer 09.160

蒸腾拉力 transpiration pull 09.171

蒸腾流 transpiration stream, transpiration current 09.168

蒸腾系数 transpiration coefficient 09.167

蒸腾效率 transpiration efficiency 09.169

蒸腾[作用] transpiration 09.131

整齐花 regular flower 02.315

整体产果式生殖 holocarpic reproduction 06.081

症状 symptom 09.012

枝分生孢子 ramoconidium 06.365

枝迹 branch trace 03.387

[枝]距 spur 02.090

枝[条] branch 02.076

枝隙 branch gap 03.388

枝状地衣 fruticose lichen 07.013

枝状地衣体 fruticose thallus 07.030

支撑菌丝 stilt hypha 06.218

支柱根 prop root 02.020

脂族胺类生物碱 aliphatic amine alkaloid 10.060

直根 taproot 02.010

直根系 taproot system 02.011

直立茎 erect stem 02.040

直立射线细胞 upright ray cell 03.273

直列四分体 linear tetrad 04.116

直列线 orthostichy 02.140

直生论 orthogenesis 01.083

直生胚珠 orthotropous ovule 02.490

直线迁移 linear migration 12.067

植被 vegetation 11.259

植被垂直[地]带 altitudinal vegetation zone, vertical vegetation zone 11.267

植被[地]带 vegetation zone 11.261

taxonomy 01.020

植物实验胚胎学 experimental plant
embryology 04.002

植物实验形态学 plant experimental
morphology 02.005

植物数量生态学 plant quantitive ecology
11.011

植物数值分类学 plant numerical taxonomy
01.025

植物铁蛋白 phytoferritin 09.120

植物蜕皮甾体 phytoecdysteroid 10.006

植物细胞动力学 plant cytodynamics 01.013

植物细胞分类学 plant cellular taxonomy
01.024

植物细胞社会学 plant cell sociology 01.012

植物细胞生理学 plant cell physiology 01.011

植物细胞生物学 plant cell biology 01.008

植物细胞形态学 plant cell morphology
01.010

植物细胞学 plant cytology 01.007

植物细胞遗传学 plant cytogenetics 01.009

植物小分子系统学 plant micromolecular
systematics 01.017

植物形态解剖学 plant morpho-anatomy
02.001

植物形态学 plant morphology 01.005

植物学 botany, plant science 01.001

植物血清分类学 plant serotaxonomy 01.023

植物遗传生态学 plant genecology 11.010

植物遗传学 plant genetics 01.046

植物园 botanical garden 01.215

植物志 flora 12.078

植物种群生态学 plant population ecology
11.004

植物组织学 plant histology 03.001

指示植物 indicator plant 11.195

掷出 abjection 06.379

栉羊齿型 pecopterid 13.040

质壁分离 plasmolysis 09.127

质壁分离复原 deplasmolysis 09.130

质外体 apoplast 09.261

质外体运输 apoplastic translocation 09.262

质子泵 proton pump 09.234

滞后期 lag phase 01.204

滞后[现象] hysteresis 01.203

中部受精 mesogamy 04.193

中层 middle layer 04.100

* 中层 middle lamella 03.437

中齿 middle teeth 08.014

中段 middle piece 06.325

中干 mesome 02.059

中果皮 mesocarp 02.545

中间代谢 intermediary metabolism 09.111

* 中间性植物 day-neutral plant 09.334

中空花柱 hollow style 04.138

中孔厚隔 isthmus 06.219

* 中肋 midrib 02.213

中脉 midrib 02.213

中皮相 aspidiaria 13.067

中塞 median plug 06.130

中生演替系列 mesosere, mesarch sere
11.165

中生植物 mesophyte 01.104

中始式 mesarch 03.357

中丝 metaphysis 06.185

中温植物 mesotherm 11.215

中性孢子 neutral spore 05.112

* 中性花 asexual flower, neutral flower 02.310

中央细胞 central cell 04.174

中植代 mesophyte 13.056

中轴胎座式 axile placentation 02.481

中轴型 mesinae 07.025

中柱 stele, central cylinder 03.365

中柱鞘 pericycle 03.355

中柱鞘纤维 pericyclic fiber 03.076

中柱学说 stelar theory 03.366

中柱原 plerome 03.048

钟乳体 cystolith 03.431

钟状花冠 campanulate corolla 02.376

种 species 01.069

种饱和度 species saturation 11.090

种阜 caruncle 02.561

种脊 raphe 02.563

种间竞争 interspecific competition 11.104

种鳞 seminiferous scale 02.556

种-面积曲线 species-area curve 11.057

种内竞争 intraspecific competition 11.105

种皮 seed coat, testa 02.559

[种]脐　hilum　02.562

种群　population　11.099

种群动态　population dynamics　11.100

种群结构　population structure　11.101

种群增长　population growth　11.102

* 种系发生　phylogenesis, phylogeny　01.079

种缨　coma　02.558

种质　germplasm, idioplasm　01.173

种子　seed　01.159

种子根　seminal root　02.017

* 种子直感　xenia　04.187

重要值　importance value　11.092

周壁孔　umbilicus　06.181

周边分生组织　perimeristem　03.025

周边组织　perienchyma　03.052

周木维管束　amphivasal vascular bundle　03.384

周皮　periderm　03.129

周皮相　bergeria　13.066

周韧维管束　amphicribral vascular bundle　03.383

周维管纤维　perivascular fiber　03.077

周位花　perigynous flower　02.326

周位着生雄蕊　perigynous stamen　02.422

周缘层　parietal layer　04.156

周缘细胞　parietal cell　04.098

周缘质团　periplasmodium　04.102

周缘质团绒毡层　periplasmodial tapetum　04.103

周质体　periplast　06.095

洲际间断分布　intercontinental disjunction　12.049

轴向系统　axial system　03.194

帚状枝　penicillus　06.343

昼夜循环　diurnal cycle　09.294

珠被　integument　04.145

珠被绒毡层　integument tapetum　04.148

珠柄　funicle, funiculus　04.143

珠光壁　nacreous wall, nacre wall　03.289

珠孔　micropyle　04.149

珠孔端　micropylar end　04.157

珠孔室　micropylar chamber　04.152

珠孔受精　porogamy　04.192

珠孔吸器　micropylar haustorium　04.150

珠鳞　ovuliferous scale　02.555

珠托　collar　04.144

珠心　nucellus　04.154

珠心胚　nucellar embryo　04.257

珠心细胞　nucellar cell　04.155

珠芽　bulbil　02.108

竹林　bamboo forest　11.315

主动吸收　active absorption, active uptake　09.180

主动转运　active transport　09.183

主根　axial root　02.008

主根系　axial root system　02.009

柱孢子囊　merosporangium　06.106

柱囊孢子　merospore　06.115

柱头　stigma　02.461

柱头毛　stigma hair　02.462

柱头乳突　stigmatic papilla　04.128

柱状晶[体]　styloid　03.426

柱状细胞　columnar cell, pillar cell　03.334

助细胞　synergid　04.169

助细胞胚　synergid embryo　04.255

助细胞吸器　synergid haustorium　04.172

蛀道真菌　ambrosia fungus　06.071

蛀道真菌芽胞　ambrosia cell　06.072

贮藏根　storage root　02.031

贮藏组织　storage tissue　03.061

贮粉室　pollen chamber　04.059

贮菌器　mycangium, fungus pit　06.070

贮水泡　water vesicle　03.117

贮水组织　water-storing tissue, water-storage tissue, aqueous tissue　03.062

* 专养型　auxotroph　09.002

砖格孢子　dictyospore　06.354

转输管胞　transfusion tracheid　03.202

转输组织　transfusion tissue　03.402

转运　transport　09.241

转主寄生[现象]　heteroecism, metoecism, heteroxeny　06.264

转主全孢型　hetereu-form　06.273

装入[筛管]　loading　09.249

准性生殖　parasexuality　06.022

* 着粉盘　retinaculum, viscid disc　02.448

着粉腺　retinaculum, viscid disc　02.448

着生花冠雄蕊　epipetalous stamen　02.424

着生面 areola 02.550

* 子层托 receptacle, receptaculum 06.313

子房 ovary 02.468

子房壁 ovary wall 02.474

子房室 locule, cell 02.475

子囊 ascus 06.172

子囊孢子 ascospore 06.180

子囊孢子内胞 endoascospore 06.182

子囊层 thecium 06.164

子囊地衣 ascolichen 07.005

子囊分生孢子 ascoconidium 06.367

子囊分生孢子梗 ascoconidiophore 06.337

子囊冠 ascus crown 06.177

子囊果 ascoma, ascocarp 06.131

子囊果原 archicarp 06.208

子囊母细胞 ascus mother cell 06.211

子囊内壁 endoascus, endotunica 06.173

子囊盘 apothecium 06.140

子囊腔 locule, loculus 06.144

子囊壳 perithecium 06.135

子囊塞 ascus plug 06.178

子囊外壁 ectoascus, ectotunica 06.174

子囊质 ascoplasm 06.213

子囊座 ascostroma 06.143

子粘变[形]体 meront 06.015

子实层 hymenium 06.225

子实层基 hymenopode, hymenopodium 06.230

子实层体 hymenophore 06.224

子实层藻 hymenial algae 07.032

* 子实体 sporocarp 06.046

子实体包被 utricle, utriculus 06.312

子叶 cotyledon 02.583

子叶回折胚 diplecolobal embryo 02.572

子叶迹 cotyledon trace 02.586

子叶螺卷胚 spirolobal embryo 02.571

子叶折叠胚 orthoplocal embryo 02.570

子座 stroma 06.061

自发单性结实 autonomic parthenocarpy 09.269

自发演替 autogenic succession 11.173

自花不稔性 self-sterility 04.183

自花传粉 self-pollination 04.007

自花受精 autogamy, self-fertilization 04.190

自交亲和性 self-compatibility 04.182

自配生殖 autogamy 05.092

自然保护区 nature reserve 11.257

自然发生说 abiogenesis 01.082

自然稀疏 natural thinning, self-thinning 11.107

自然演替 natural succession 11.168

自然植被 natural vegetation 11.268

自融合 automixis 04.210

自养 autotrophy 01.183

自养植物 autotrophic plant, autophyte 01.138

自由传粉 free pollination 04.009

自由空间 free space 09.222

总苞 involucre 02.292

总光合 gross photosynthesis 09.039

总[叶]柄 common petiole 02.204

总状花序 raceme 02.260

纵锤担子 stichobasidium 06.239

纵裂 longitudinal dehiscence 02.441

纵切面 longitudinal section 01.207

族 tribe 01.061

组 section 01.065

组织 tissue 01.170

组织系统 tissue system 03.013

组织原 histogen 03.044

最近[毗]邻法 nearest neighbor method 11.052

最适温度 optimum temperature 09.016

最小样方面积 minimum quadrat area 11.056

* 左右对称 zygomorphy, bilateral symmetry 02.348

作物生态型 agroecotype 11.127

作用光谱 action spectrum 09.001

作用中心 reaction center 09.042

[座]垫状植物 cushion plant 11.240

座囊腔 dothithecium 06.145

座延羊齿型 alethopterid 13.041